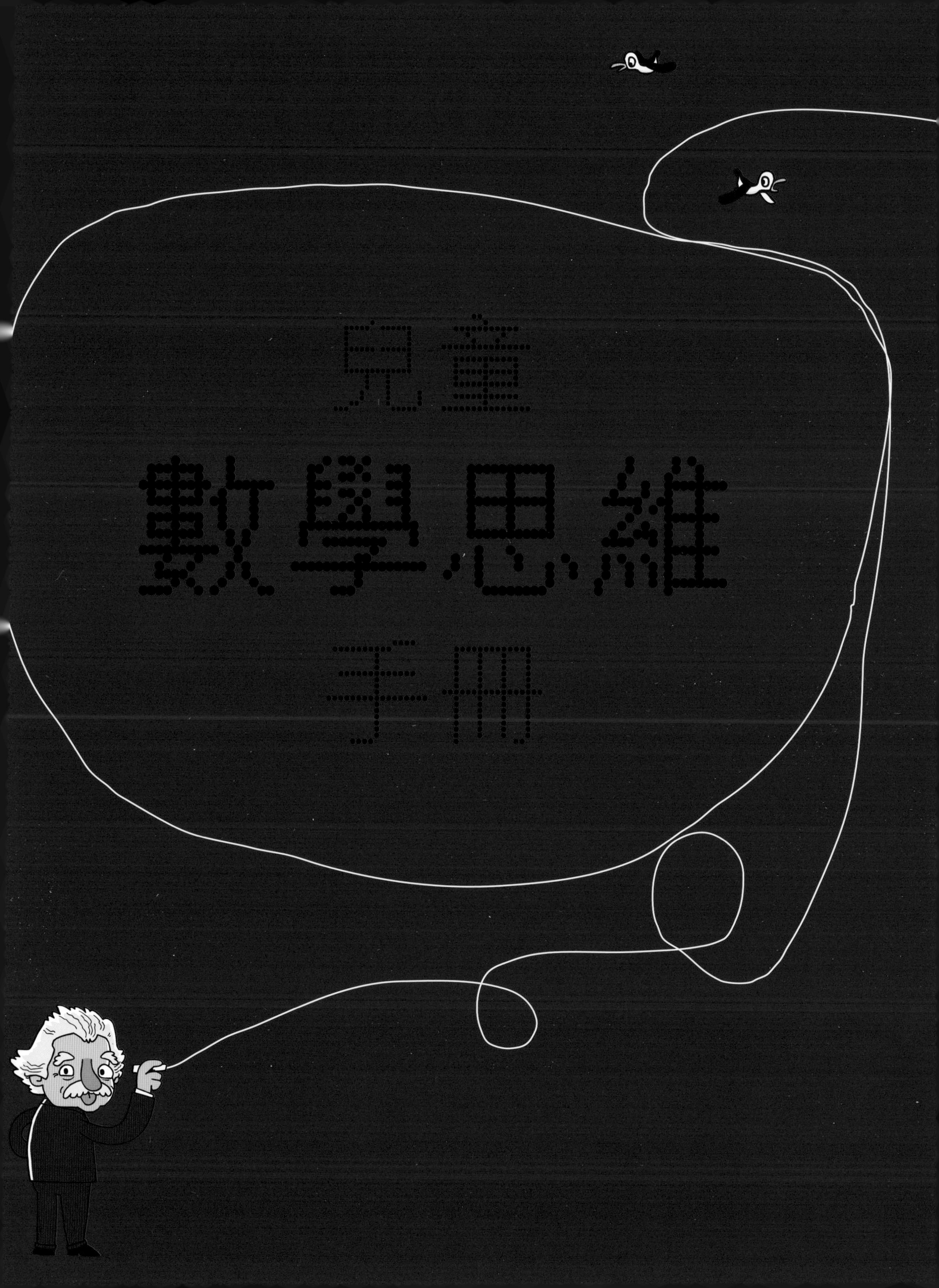
兒童
數學思維
手冊

Original Title: *Train Your Brain to be a Maths Genius*

A Penguin Random House Company

本書中文繁體版由 DK 授權出版。
本書中文譯文由科學普及出版社授權使用。

兒童數學思維手冊

作　　者：邁克 · 戈德史密斯（Mike Goldsmith）
繪　　圖：賽博 · 伯奈特（Seb Burnett）
譯　　者：徐　瑛
責任編輯：張宇程
出　　版：商務印書館（香港）有限公司
　　　　　香港筲箕灣耀興道 3 號東滙廣場 8 樓
　　　　　http://www.commercialpress.com.hk
發　　行：香港聯合書刊物流有限公司
　　　　　香港新界大埔汀麗路 36 號中華商務印刷大廈 3 字樓
印　　刷：RR Donnelley Asia Printing Solutions
版　　次：2020 年 8 月第 1 版第 2 次印刷

　　　　　ISBN 978 962 07 5843 0
　　　　　Published in Hong Kong

這本書準備了各種謎題與活動以增強你的思維能力。書中的活動全都充滿趣味，但在你做書中任何活動前，一定要先告訴成年人，讓他們知道你正在幹甚麼，並確保你的安全。

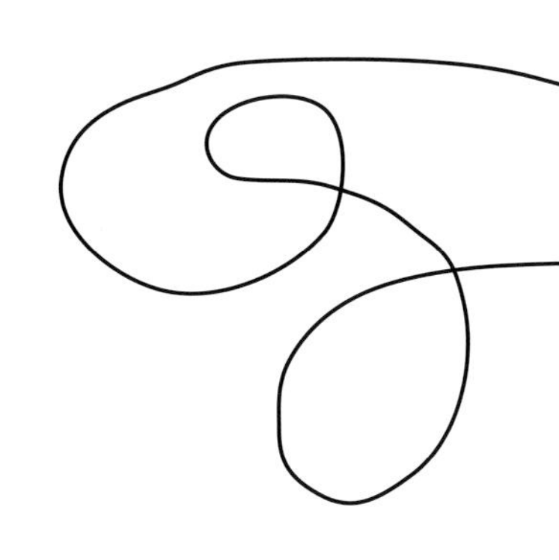

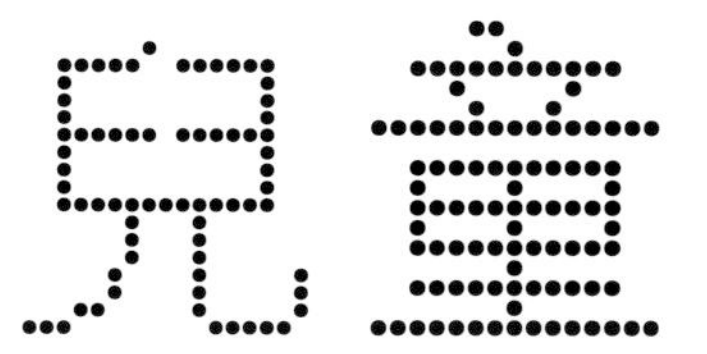

兒童數學思維手冊

邁克・戈德史密斯（Mike Goldsmith） 著

賽博・伯奈特（Seb Burnett） 繪圖

徐瑛 譯

目錄

形狀和空間

數學世界

這本書準備了各種謎題等着你去解答。可以在 122-125 頁找到正確答案。

生活中的數學

難以想像我們的生活中沒有了數學會變成甚麼樣子。可能我們自己都沒有意識到，數學在我們的生活中會有如此重要的作用，比如告訴別人時間、逛街、打球或者玩遊戲。這本書會告訴我們許多經過驗證的變革性想法以及偉大數學家改變世界的故事，並通過很多需要你去完成的任務來保持你的數學大腦運轉不停。

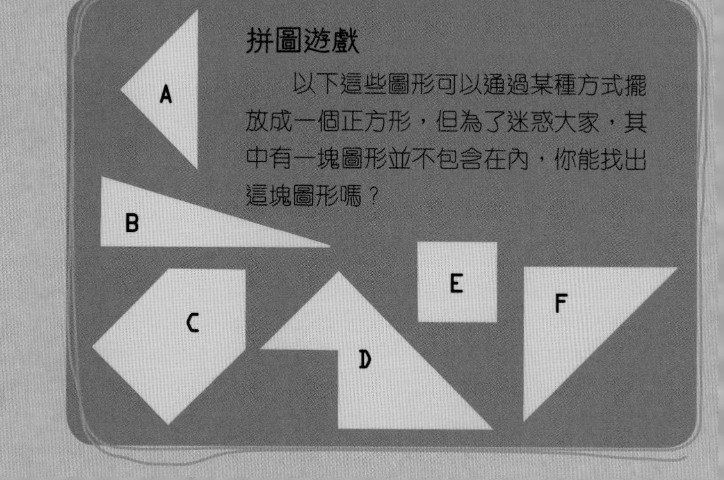

拼圖遊戲

以下這些圖形可以通過某種方式擺放成一個正方形，但為了迷惑大家，其中有一塊圖形並不包含在內，你能找出這塊圖形嗎？

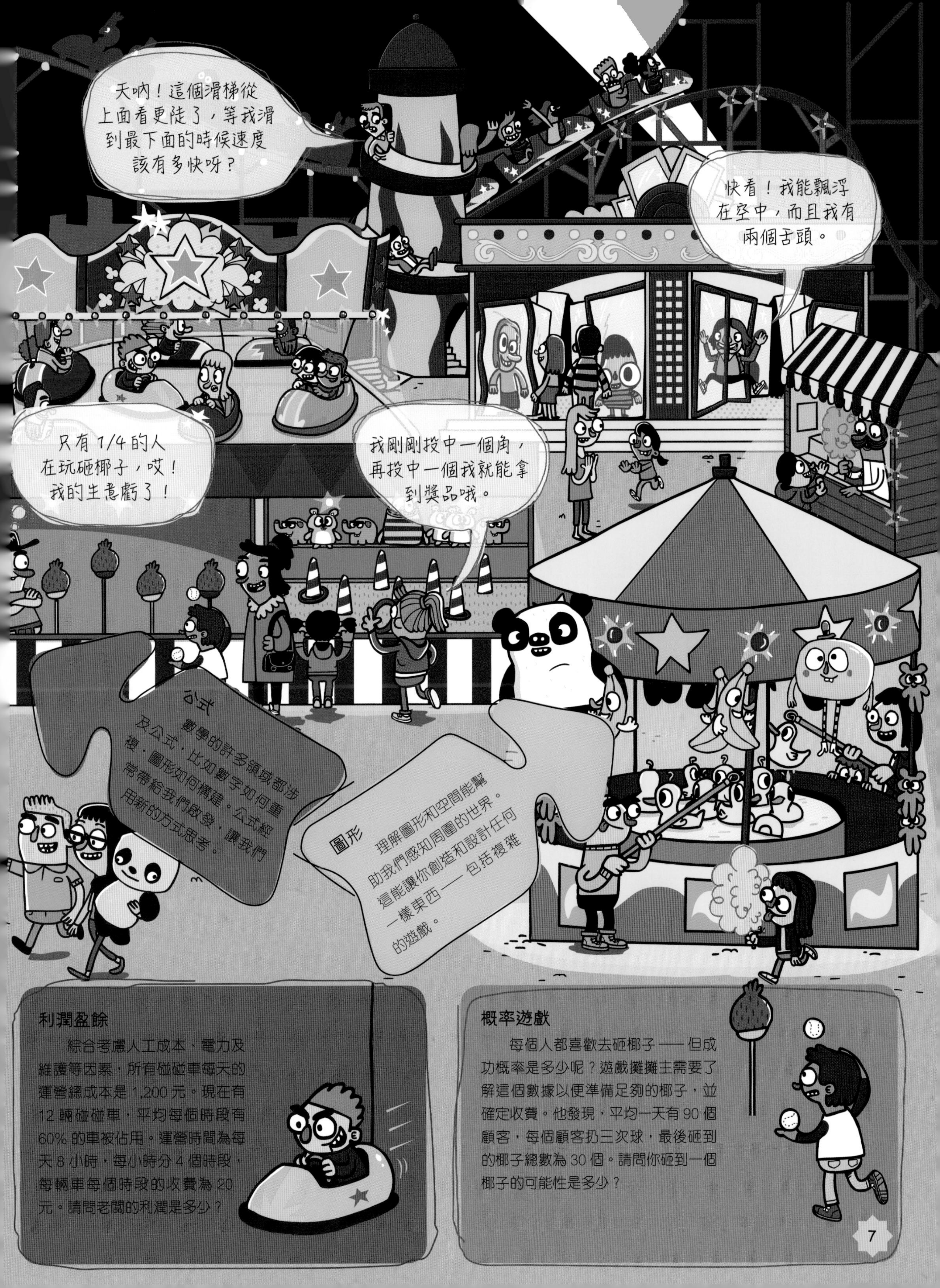

天吶！這個滑梯從上面看更陡了，等我滑到最下面的時候速度該有多快呀？
快看！我能飄浮在空中，而且我有兩個舌頭。
只有 1/4 的人在玩砸椰子，哎！我的生意虧了！
我剛剛投中一個角，再投中一個我就能拿到獎品哦。

公式

數學的許多領域都涉及公式，比如數字如何重複，圖形如何構建。公式經常帶給我們啟發，讓我們用新的方式思考。

圖形

理解圖形和空間能幫助我們感知周圍的世界。這能讓你創造和設計任何一樣東西——包括複雜的遊戲。

利潤盈餘

綜合考慮人工成本、電力及維護等因素，所有碰碰車每天的運營總成本是 1,200 元。現在有 12 輛碰碰車，平均每個時段有 60% 的車被佔用。運營時間為每天 8 小時，每小時分 4 個時段，每輛車每個時段的收費為 20 元。請問老闆的利潤是多少？

概率遊戲

每個人都喜歡去砸椰子——但成功概率是多少呢？遊戲攤攤主需要了解這個數據以便準備足夠的椰子，並確定收費。他發現，平均一天有 90 個顧客，每個顧客扔三次球，最後砸到的椰子總數為 30 個。請問你砸到一個椰子的可能性是多少？

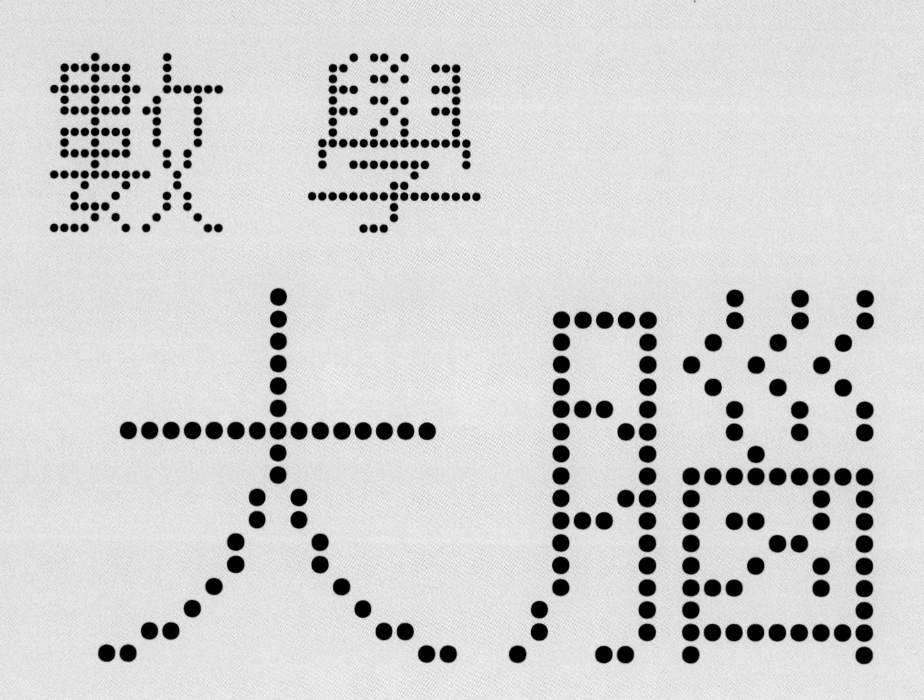
數學
大腦

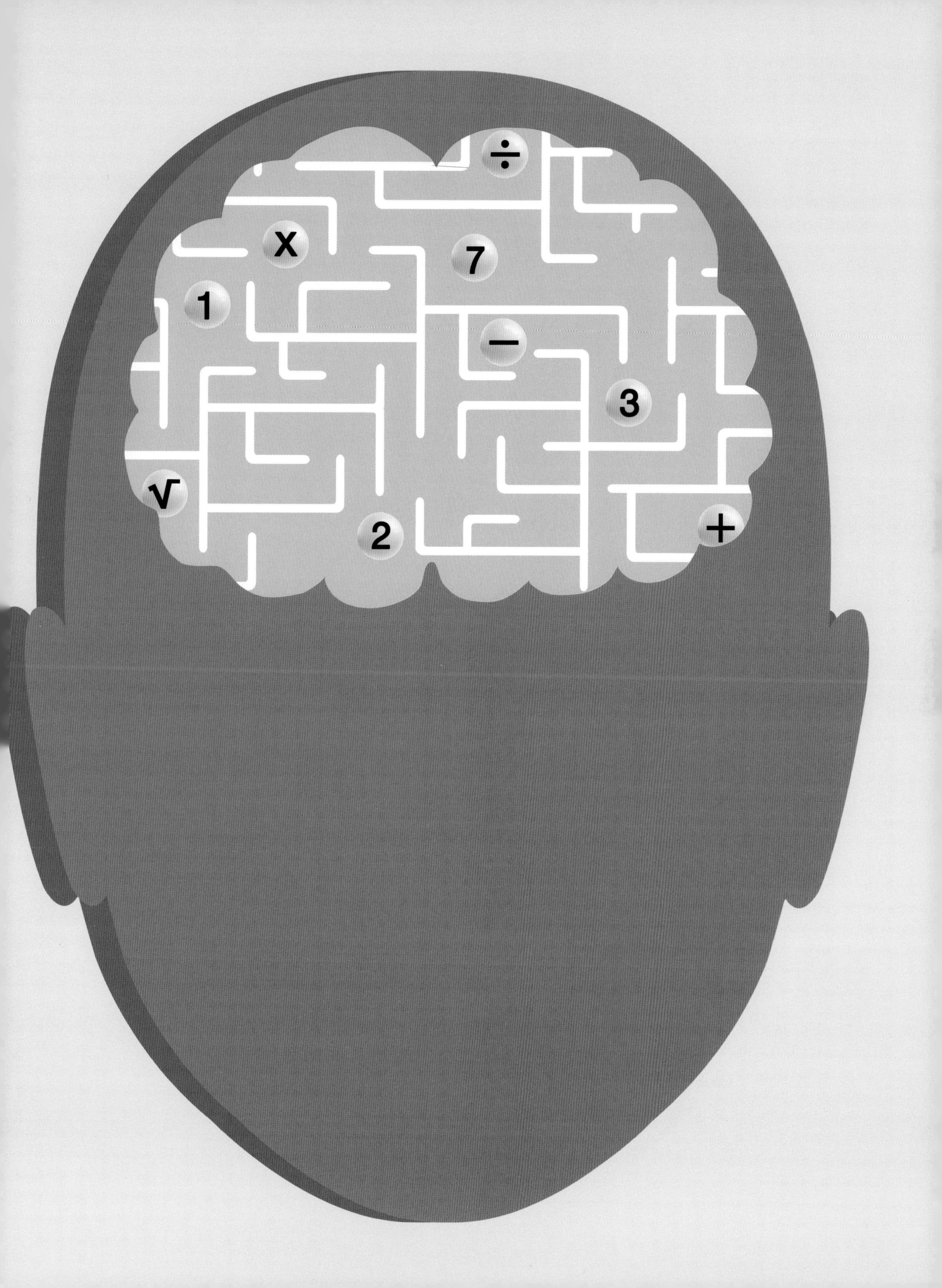
÷
X
7
1
−
3
√
2
+

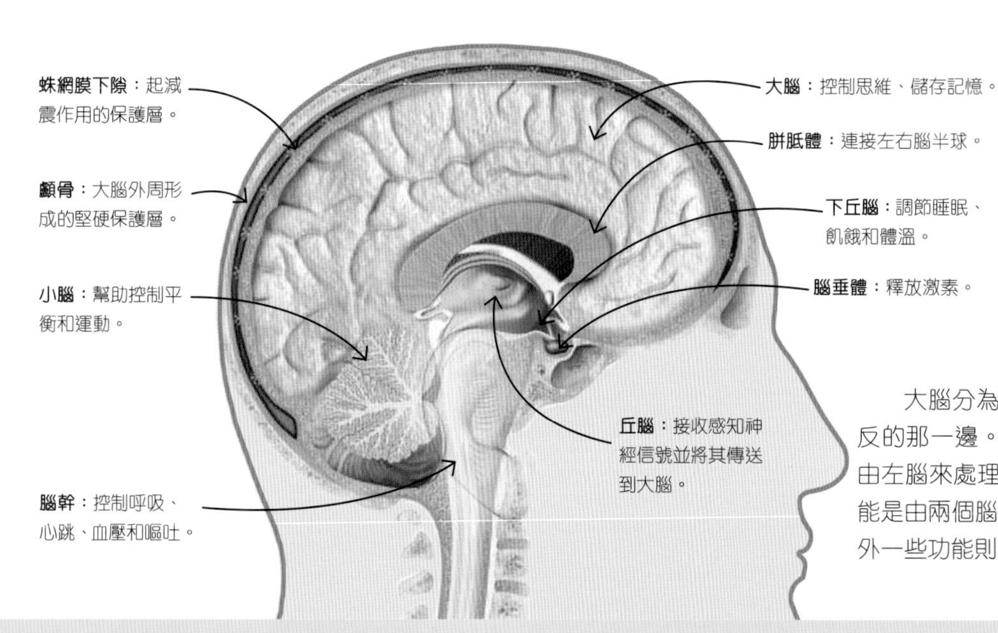

蛛網膜下隙：起減震作用的保護層。
顱骨：大腦外周形成的堅硬保護層。
小腦：幫助控制平衡和運動。
腦幹：控制呼吸、心跳、血壓和嘔吐。
大腦：控制思維、儲存記憶。
胼胝體：連接左右腦半球。
下丘腦：調節睡眠、飢餓和體溫。
腦垂體：釋放激素。
丘腦：接收感知神經信號並將其傳送到大腦。

看看裏面

這個腦部的橫斷面展示了大腦裏負責思維的部分。外層下面的物質叫「白質」，負責在大腦不同的區域傳送信號。

大腦的兩個半球

大腦分為兩個半球。每個半球主要支配身體相反的那一邊。舉個例子，右眼接收到的信息是由左腦來處理的。包括數學在內的某些功能是由兩個腦半球共同支配的。而另外一些功能則基本由某個特定半球負責。

左腦功能

左腦主要負責邏輯性、理性思維和語言表達，它幫助我們找到計算題的答案。

語言

左腦負責理解詞彙的含義，但由右腦負責將它們組織成句子和故事。

科學思維

邏輯思維是大腦左半球的工作，但大多數科學也會涉及極富創造力的右腦。

理性思維

以理性的方式思考並做出反應是左腦的主要任務，它幫助你分析問題並找到合理答案。

計算能力

左腦負責數字和計算的部分，同時右腦處理圖形和公式。

寫作能力

像說話、寫作這些任務是由兩個半球共同完成的。右腦負責組織觀點，左腦負責將它們用文字表達出來。

左視皮質：處理右側視野的信息。

認識你的
大腦

人的腦部是身體中最複雜的器官。它由數十億個微小的神經細胞連接在一起，組成了一個海綿狀結構。它的最大組成部分是花椰菜形狀的大腦，由兩個半球組成並通過神經網絡相互連接，負責處理數學的理解和計算問題。

大腦皮層

大腦皮層上有許多褶皺，這樣可以讓它的表面積盡可能大，大腦就可以保存更多的信息。大腦皮層是灰色的，也就是俗稱的「灰質」。

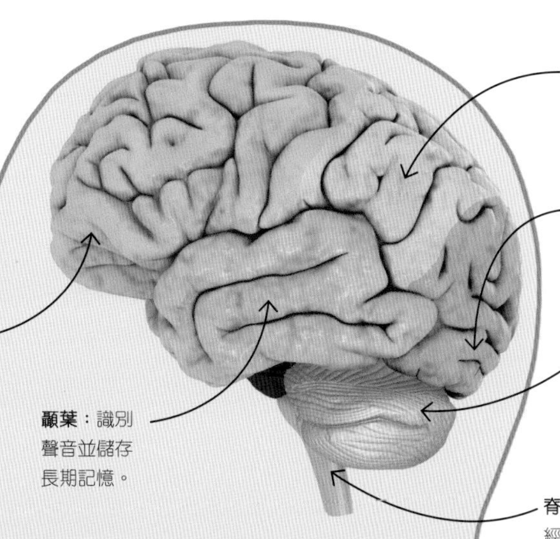

頂葉：處理來自感覺器官的信息，比如觸覺和味覺。

枕葉：處理視覺接收到的信息，並在腦中形成圖像。

額葉：對於思維、性格、說話和情感至關重要。

小腦：擠在大腦兩個半球下面，作用是協調身體各部分的肌肉運動。

顳葉：識別聲音並儲存長期記憶。

脊髓：連接大腦與全身神經系統。

右視野：通過感光細胞收集信息，然後由大腦另一邊枕葉中的左視皮質來處理。

右視神經：將右眼接收到的信息傳遞到左視皮質。

右腦功能

大腦右半球主要掌控創造性思維和直覺反應，幫助我們理解圖形和動機，並解決比較難的計算問題。

空間能力

你能理解物體的形狀以及在空間中的位置——這主要依賴於右腦，它賦予我們空間想像的能力。

想像力

大腦右半球主導想像力，但是表達這些想像需要依靠左半球。

藝術

藝術與空間感知能力有着密切的關係。當你在繪畫、寫作或欣賞藝術品時，大腦右半球會更加活躍。

音樂

右腦負責鑒賞音樂，並且和左腦一起幫助我們理解和編寫樂譜，讓音樂更好聽。

洞察力

當你將不同的觀點相互結合時，或許大腦右半球能領悟出新的東西。

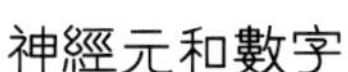

神經元和數字

神經元由相互連接的大腦細胞組成，這些細胞將電子信號傳遞給彼此。每次思考或者感覺都是大腦中神經元觸發了某種反應的結果。科學家發現當你想像一個特別的數字時，某種特定的神經元會異常活躍。

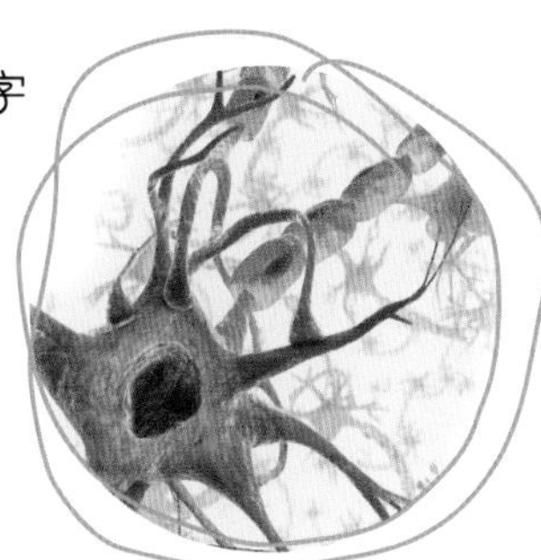

解答數學題

這張大腦掃描圖是在一個人解答一系列數學減法題時拍下的。黃色和橘色部分代表着大腦中製造電子神經信號最多的區域。有趣的是，這樣的區域遍佈大腦，並非只有一處。

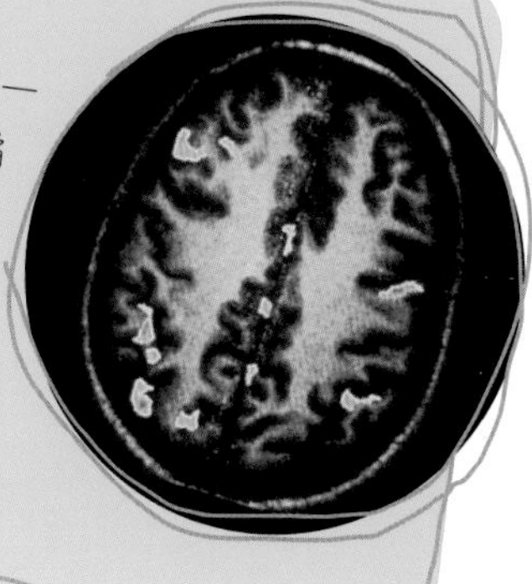

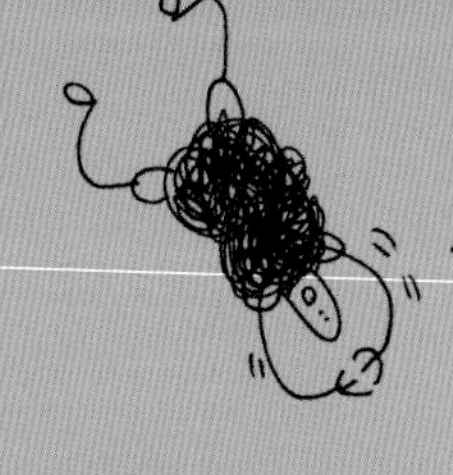

數學技能

大約十分之一的人在看到顏色時會想到數字。大家可以做個實驗，在想到紅色時立刻寫下你腦海中浮現出的數字（限於 0 到 9），依此類推，依次寫下黑色的以及藍色的數字。有沒有人得出相同的答案呢？

數學涉及了大腦的許多部位 —— 大腦中處理數字的方式（算術）與處理圖形和公式的方式（幾何）完全不同。那些在某個領域很精通的人常常對於另一個領域也很在行。有時候，運用不同的數學技能，同一個問題會有很多種解決方法。

怎樣數數？

當你在腦海中數數時，你是想像着它們的聲音還是圖像？這兩種方法你都可以實驗一下，看看哪種更簡便。

學習有四種主要的思維方式：看寫出來的文字、想像各種圖像、聽讀出來的字詞以及各種實踐活動 —— 它們都可以應用到數學學習中去。

第一步

試着在一個嘈雜的地方閉上眼睛，在 3 秒內從 100 倒數。首先，試着去「聽」數字的聲音，然後想像它們的形狀。

第二步

然後，一邊看電視一邊重複第一步中兩種方法 —— 記得把聲音關掉。哪種練習會更簡單些呢？

快速閱讀

人類的大腦已經進化到比較複雜的程度了，對於某些事物可以在掃過一眼後迅速掌握其關鍵點，也可以在檢查事物的同時進行思維活動。

一般的大腦掃一眼能掌握 3 到 4 個數字，所以你可能最多只能正確地記住 5 個。因為你只是粗略估計其中較大的數字，所以很有可能會弄錯。

第一步

請你快速掃一眼下面的序列，不要去數，然後根據記憶寫下每組記號的數量。

第二步

現在去數一下序列裏每組記號的數量，然後對照你所寫下的數字，看看你寫對了多少。

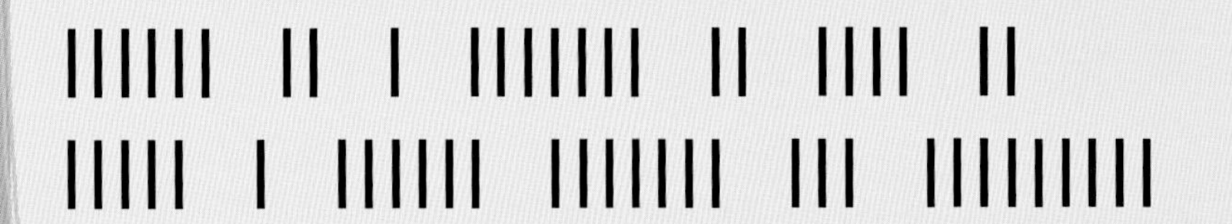

數字記憶

在有限的時間內你的短時記憶能儲存一定量的信息。這個練習能展示大腦記憶數字的能力。從最上面一排開始，把這一排的數字依次大聲讀出來。然後蓋住這一排試着去重複這組數字。依次往下重複剛才的動作，直到你已經無法記住所有的數字為止。

631
7280
42539
357061
4282653
05426984
261958263
4639517280

多數人依靠短時記憶一次可記住大約 7 個數字。但是我們一般會通過在腦中默念來記憶重要的事情，英文中有些數字默念的時間會比其他數字長，這會影響到我們能夠記住的數字數量。中文裏數字的發音較短，所以比較容易記住更多的中文數字。

眼力測試

這個遊戲可以測試用眼睛判斷數量的能力。你不能去數數——僅用眼睛判斷是否為相同的數量。

你需要
- 一包不少於 40 顆的小糖豆
- 三隻碗
- 秒錶
- 一個助手

第一步

把三隻碗放在你面前，讓人幫你計時 5 秒。當他說「開始」時，你要盡力把小糖豆平均分配到三隻碗裏。

第二步

數一下每隻碗裏小糖豆的具體數量，看看這些數字之間有多相近。

看到結果你可能會嚇一跳：怎麼會這麼接近？實際上，大腦對數量有着很強的判斷力——但它並不是以數字的形式作出判斷。

識別圖形

在每組圖形中，你能在右邊的五個圖形中找到與左邊圖形相同的部分嗎？

大腦天生對公式和圖形敏感。古希臘哲學家柏拉圖在很久之前就發現了這一點。當他讓奴隸解決有關圖形的謎題時，雖然他們沒有受過教育，但還是解答出來了。

1 A B C D E

2 A B C D E

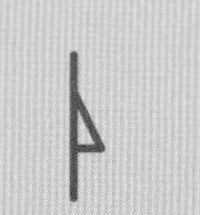
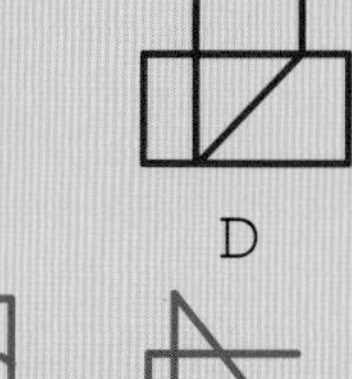

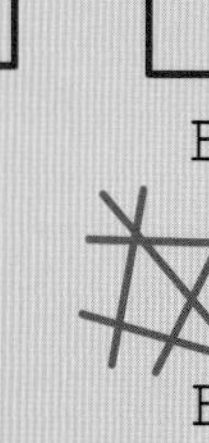

3 A B C D E

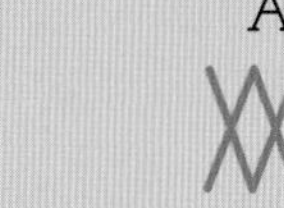
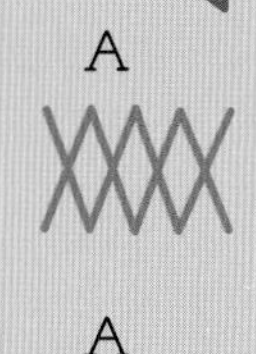
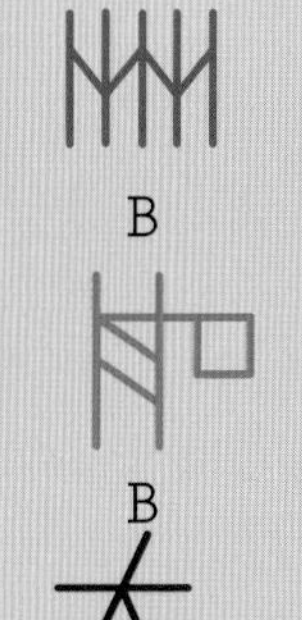
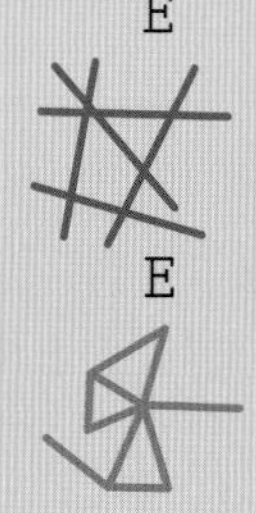

4 A B C D E

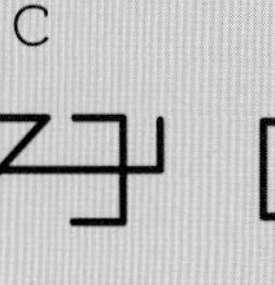

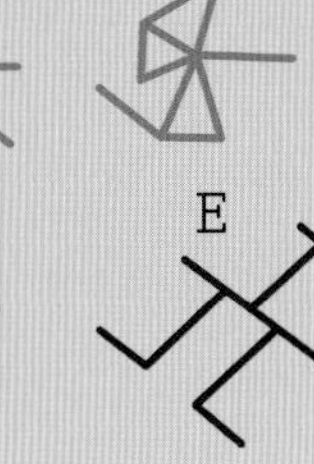
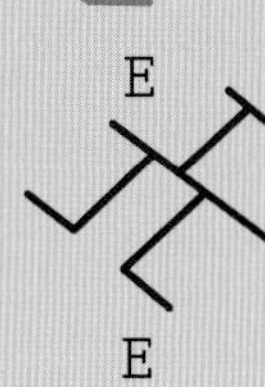

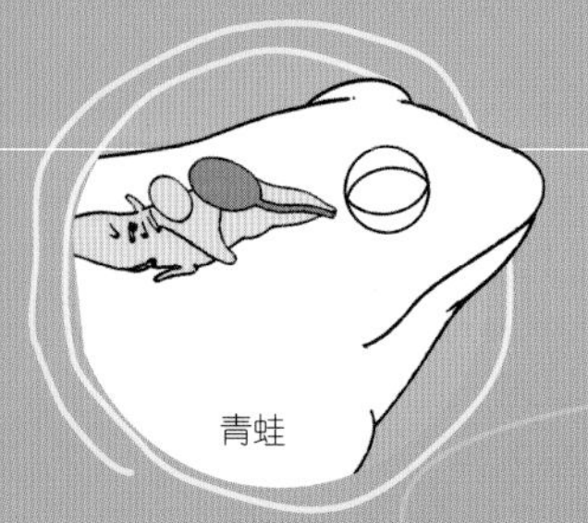

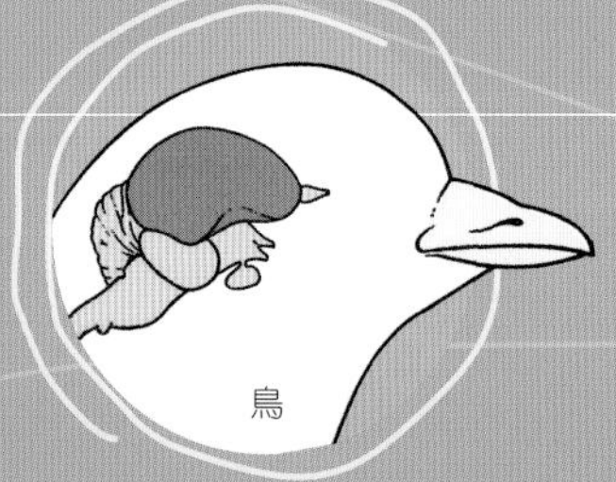

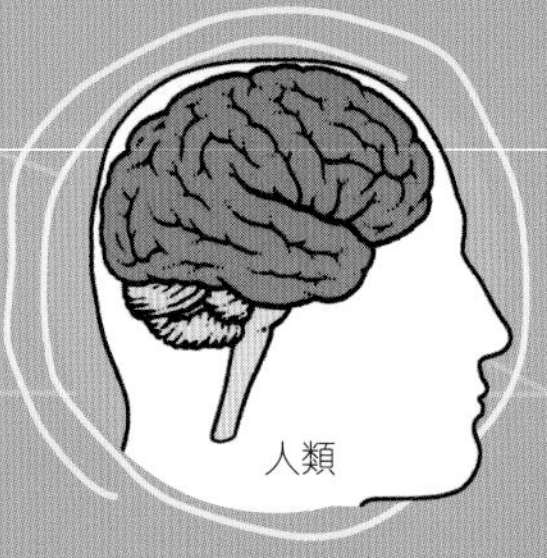

大腦的進化

比起身體來說，人類的大腦比其他動物的要大得多，也比祖先大。大腦越大，容量會越大，學習和解決問題的能力就越強。

學習數學

對於很多人來說，學習數學是一件理所當然的事。但你有沒有想過數學這門學科是如何產生的呢？人類在進化的過程中是怎樣不斷補充完善這門學科的呢？可以肯定的一點是，人類——以及一些動物——天生就懂得一些數學的基本原理，不過絕大部分還是通過探索發現的。

感知數字

最近幾年，科學家通過實驗對嬰幼兒的數學技能進行了調查。結果表明我們人類天生就具備一些數字的基本常識。

出生 48 小時的嬰兒

新生嬰兒對數字有感覺。他們能意識到 12 只鴨子和 4 隻鴨子是不一樣的。

6 個月的嬰兒

給一個嬰兒展示兩個玩具，然後將一塊屏幕擋在嬰兒面前，拿走其中一個玩具，撤掉屏幕之後，嬰兒的反應說明他看出了不對勁，明白一個和兩個之間的區別。

「天才」動物

很多動物對數字都有感覺。一隻名叫雅各布的烏鴉可以從眾多盒子中挑出那個點了五個點的。螞蟻似乎能準確地算出自己跟蟻窩之間的距離。

小遊戲

你的寵物會數數嗎？

所有的狗狗都能「數」到 3。可以測試一下你的狗或者朋友的狗。讓狗狗看着你依次將 3 顆糖扔到看不見的地方，它會跑去找到這 3 顆糖，一旦找到就馬上停下來。可是如果你扔了更多的糖果，狗狗就會數不清數並且一直尋找這些糖果，就算糖果已經全部被找到，狗狗也不會停下來。

感覺記憶
對於感受到的任何物體，我們都能維持半秒或者更短的記憶。感覺記憶能一次性儲存很多信息。

短期記憶
對於少數的事物（比如一些數字或單詞），我們的記憶能保留大約一分鐘。之後如果我們沒有繼續學習，就會忘掉。

長期記憶
經過努力，我們能學習並記住數量相當可觀的知識和技能，並伴隨我們一生。

記憶如何工作

記憶對於數學的學習非常重要。它幫助我們了解數字的規律、學習表格和方程式。記憶也分很多種，比如計算時，我們粗略記得最後的幾個數字（短期記憶），但我們會永遠記得如何從 1 數到 10 或更多（長期記憶）。

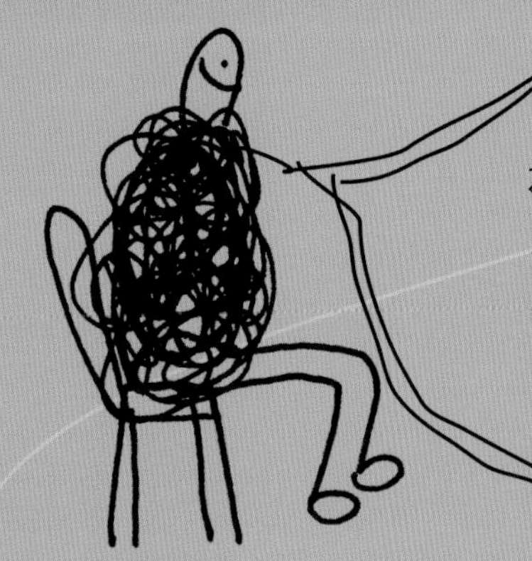

把一串數字說出來或者唱出來能夠幫助你記憶，或者寫下來試着找出其中的規律。當然，你需要反覆地練習哦。

4 歲的小朋友

我要畫成百上千個點！

一般 4 歲的小朋友就能從 1 數到 10 了，雖然順序不一定總是對的。他已經可以估算例如上百這樣較大的數量。更重要的是，4 歲的小朋友已經開始喜歡在紙上亂寫亂畫做記號了，這樣能更直觀地感受數字。

5~9 歲的小朋友

讓一個 5 歲的小朋友按順序堆數字積木，相比大點的數字，他往往會將比較小的數字分開得更遠些。換成 9 歲的小朋友，他已經意識到每個數字之間的差別是一樣的 —— 只間隔一個 —— 所以會按順序堆放積木。

聰明的漢斯

一個世紀之前，有一匹「算術馬」名叫漢斯。牠似乎會進行一些簡單的加減乘除運算，然後通過蹄子刨地的次數給出答案。但事實上漢斯並不懂數學，牠只是極其擅長「解讀」主人的身體語言。牠會盯着主人的臉，一旦刨地的次數對了，主人臉上就有變化，漢斯便會停下來。

你的大腦：

- 有上千億的神經元
- 每個神經元或者腦細胞每秒都能傳送大約 100 個信號
- 信號傳送的速度可以達到每秒 10 米
- 它能在你睡覺時繼續工作傳送信號

大腦 VS.

在超級力量 —— 大腦與機器 —— 的對抗中，人類的大腦是最終贏家！超級計算機雖然在計算方面速度驚人，但卻缺乏創造力，也跟不上天才的想像力。所以，到目前為止，我們人類大腦還是領先一步。

神童

神童是指在很小的年紀就在某些領域 —— 比如數學、音樂或者美術等方面 —— 具備驚人技能的那類人。比如印度的拉馬努金（1887-1920）幾乎沒有受過任何教育，後來卻成為傑出的數學家。很多神童記憶超羣，能一次性記住大量的信息。

努力

奉獻和努力往往是獲得成功的關鍵。1637 年，皮耶．德．費馬提出了一個定理，可是並沒有去證明。三個多世紀以來，許多傑出的科學家嘗試去證明都失敗了。英國的安德魯．懷爾斯 10 歲時便被費馬大定理吸引，時隔 30 多年後他於 1995 年最終證明了這個定理。

專家

那些在某一特定領域非常精通的人我們俗稱為專家。英國的丹尼爾．塔曼特出生於 1979 年，是一位在計算和記憶方面有着令人難以置信的技能的專家，他曾經背誦 π（3.141…）到小數點後面 22,514 位。塔曼特具有數字和視覺的通感，在他眼裏，數字是和顏色、圖形交織在一起的。

你的大腦怎麼樣？

給你一些數字，讓你心算求和，這就會用到短期記憶（詳見第 15 頁）。如果你心算求和能超過八個數字，說明你擁有優秀的數學大腦。

你的計算機

- 有百億個晶體管
- 每個晶體管每秒能傳送 10 億個信號
- 信號傳送的速度可以達到每秒 2 億千米
- 除非關閉，否則可以一直運行

機器

計算機

在計算機最初被發明出來時，它也被叫作「電子大腦」。它確實和大腦類似，任務就是處理數據、發送控制信號。雖然計算機能做一些跟大腦一樣的事，但兩者的不同點多於相同點。計算機還沒有發展到可以統治世界的程度。

人工智能

人工智能計算機似乎可以像人類那樣思考。儘管最強大的計算機也無法擁有人類的全部智力，但有些計算機已經能用人類的方式完成一些特定的任務了。比如計算機系統沃森已經能從自身的錯誤中吸取經驗，逐步縮減可選項，並最終做出選擇。2011 年，沃森在美國的電視智力競猜節目《危險邊緣》中擊敗了人類選手。

缺失要素

計算機在計算方面遠超過人類，但它缺乏心理方面的技能，無法擁有人類的獨特見解。它們也幾乎不可能全面解讀看到的世界 —— 就算是最高級的計算機面對一間凌亂的臥室也無法識別所有的內容。

數字恐懼

恐懼是對一些沒有理由會讓人害怕的東西產生恐慌，比如數字。有些人會不喜歡，甚至是害怕某些數字。比如在中國和日本，很多人不喜歡 4 及 13。對 13 的恐懼甚至有其專有名詞。雖然沒有人會恐懼所有數字，但很多人會害怕使用這些讓人產生不好聯想的數字。

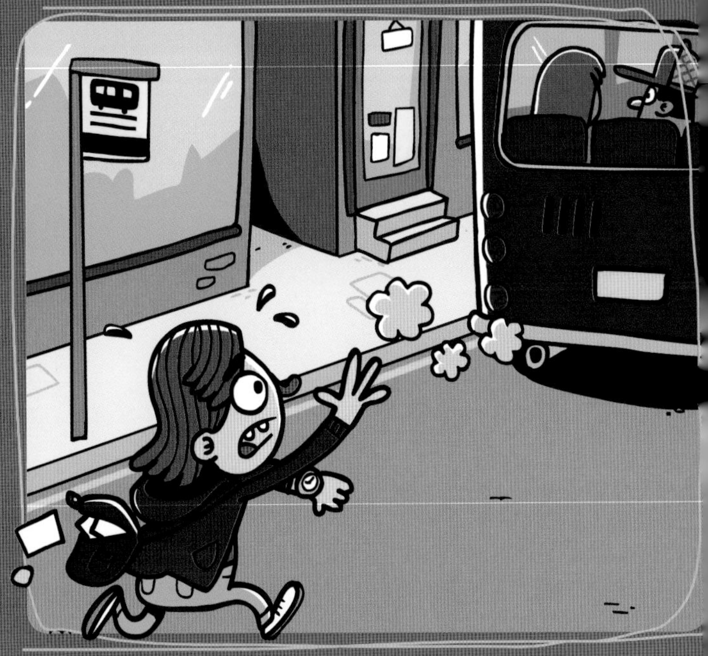

計算障礙

46 和 76 這兩個數字哪個比較大？如果你不能在 1 秒內分辨出來，那就說明你可能有計算障礙哦。出現這種問題的原因是大腦中負責比較數字的那塊區域無法正常工作。有這種障礙的人也很難分辨時間。不過，計算障礙這種現象非常罕見。所以，在趕不上巴士的時候，可不要用這個作為藉口哦！

數字問題

沒有數學的生活

雖然嬰兒剛出生時就對數字有感覺，但想要掌握更複雜的數學概念則必須靠人指導。大部分的國家和社會都會使用並教授這些數學概念，但並不是全部。比如，直到現在，坦桑尼亞的哈扎人依然不會數數，所以他們的語言裏沒有超過 3 或 4 的數字。

太晚就學不會了？

相比起成年人，青少年對於數學的學習要容易很多。19 世紀英國著名的科學家邁克爾．法拉第從小就沒有學過數學。結果，他沒法完成或證明許多先進的研究成果，因為他對數學這門學科並沒有全面充分地掌握。

數學想像

有些數學問題聽上去很複雜，或者用了我們不熟悉的字和符號來表達。這時，你可以通過畫畫或者想像（在腦中畫圖）來理解並解決數學問題。比如，平均劃分圖形的問題就比較簡單，只需要在紙上粗略地打個草稿就能解決。

熟能生巧

對於那些在計算方面特別困難的人來說，那些參加數學電視競賽節目的選手簡直就是天才。但事實上，任何人只要遵照成功的三個秘訣，就都能成為數學專家，這就是：掌握一些基本運算法則（比如乘法表），運用一些小竅門小技巧，不斷練習。其中最重要的一條就是不斷練習！

很多人覺得數學很難，看到數學就想逃。其實真正在數學學習上有困難的人只是極少數。只需要一點時間練習一下，你就能馬上掌握數學的基本原理。而且一旦掌握，就將終身難忘。

13 世紀思想家羅吉爾·培根說過：「不懂數學的人肯定無法理解其他學科，也不會理解這世上發生的所有事情。」

SSSSS

小遊戲

誤導人的數字

數字會影響到我們思考的方式和內容。我們應該確定數字的真正含義才不會被它們誤導。下面有兩則小故事，讀完你可能會覺得裏面的數字很可疑——你能找出原因嗎？

傷勢加劇！

第一次世界大戰中，本來士兵都戴帽子，可是在戰鬥後出現了大範圍的頭部損傷。為了給頭部提供更好的保護，士兵的帽子換成鋼制頭盔。沒想到此舉竟然導致了頭部受傷人數顯著上升。你覺得原因是甚麼呢？

一項有用的調查？

由摩天大樓建造協會所做的一項調查表明：城市裏 30 個公園中的大多數都應該關閉。因為對其中 3 個公園的調查顯示，有兩個公園一整天的總人數不超過 25 個。對於這項調查你能想到 4 個疑點嗎？

數學界的女性

歷史上，女性為了打破男性在數學和科學領域的統治地位而奮力抗爭並度過了很長一段艱難的日子。這主要是因為一個世紀之前，女性在各種學科上都得不到應有的教育。但是，堅強的女性們通過努力已經在高度複雜的數學領域做出了顯著的成果。

索菲婭 · 柯瓦列夫斯卡婭

柯瓦列夫斯卡婭於 1850 年出生在俄國，她對數學的興趣始於父親把舊的數學便條用來做她房間的牆紙。那個年代，女性不能上大學，但柯瓦列夫斯卡婭給自己請了一位數學家庭教師，學習得非常努力，最終有了自己的發現。她推動了物體旋轉理論的發展，並推算出土星的公轉方式。直到 1891 年去世，她還是一名大學教授。

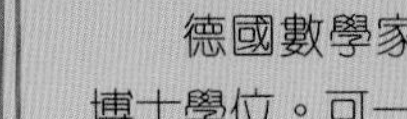

阿瑪麗 · 諾特

德國數學家阿瑪麗 · 艾米 · 諾特於 1907 年獲得了博士學位。可一開始，沒有大學肯給她 —— 或者任何一名女性 —— 提供數學方面的工作。最終她的支持者（包括愛因斯坦）在哥廷根大學給她找了份工作 —— 她最初的薪水都是由學生付的。1933 年，她被迫逃離德國前往美國，在那兒當上了一名教授。諾特利用系統方程式推導出新的理論，並關聯到完全不同的學科領域。

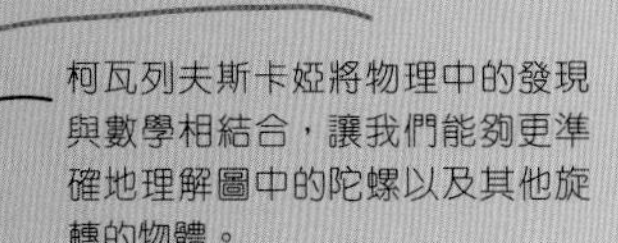

柯瓦列夫斯卡婭將物理中的發現與數學相結合，讓我們能夠更準確地理解圖中的陀螺以及其他旋轉的物體。

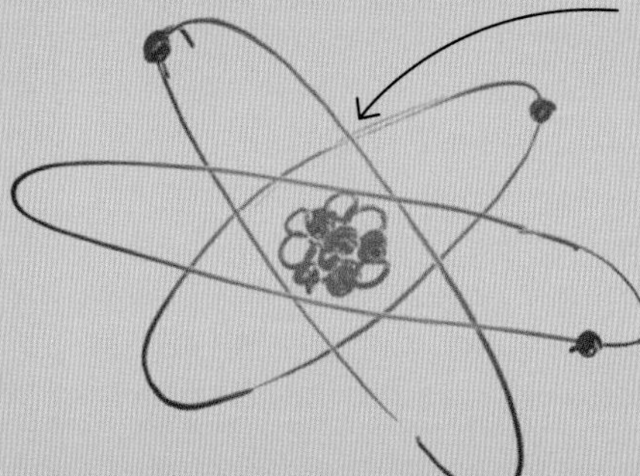

諾特展示了適用於所有物體 —— 包括原子 —— 的對稱性如何揭示出物理學的基本規律。

希帕蒂婭研究出將一個圓錐體切割成不同類型弧線的方式。

希帕蒂婭

希帕蒂婭於公元 355 年左右出生在亞歷山大城，該城後來成為羅馬帝國的一部分，父親是一名數學家和天文學家。希帕蒂婭後來成為一所重要學校的領導者，眾多偉大的思想家們在這裏努力探尋世界的真諦。據說因為其主張的學說威脅到了基督教，她於公元 415 年被基督教暴徒謀殺。

雖然巴貝奇沒有製造出計算機，但兩個世紀之後計算機終於按照他最初的想法製造出來。如果當時他能製造出計算機，應該是依靠蒸汽動力運行的。

奧古斯塔・艾達・金

金出生於 1815 年，是詩人拜倫勳爵唯一的孩子，但鼓勵她學習數學的卻是她的母親。她後來認識了查爾斯・巴貝奇，並和他一起研究他的計算機。雖然巴貝奇從來沒有製造出一台可以工作的計算機，但金卻編寫出了世界上第一個我們現在所說的電腦程式。計算機編程語言「艾達」就是以它命名的。

電腦術語「漏洞」(Bug，原意為臭蟲)就是由哈珀發明並普及的，它指的是系統代碼的錯誤，就像圖中那只被困在電腦中的飛蛾。

南丁格爾在圖表中比較了 1854 年至 1855 年在克里米亞戰爭中陣亡士兵的死亡原因。每一片扇形代表一個月的時間。

藍色代表死於可預防疾病的人數。

黑色代表死於其他原因的人數。

粉色代表死於創傷的人數。

弗洛倫斯・南丁格爾

這位英國護士對 19 世紀醫務護理的發展做出了卓越的貢獻。她運用統計學說服官員，對於士兵來說，傳染病要比創傷危險得多。她甚至獨創數學圖表（類似於三維餅圖）擴大了數學對醫務護理的影響。

格蕾斯・哈珀

作為一名美國海軍少將，哈珀編寫出了世界上第一個電腦編譯程式 —— 將語言轉化為電腦代碼的程式。她也編寫了第一個能供多台計算機使用的程式。她於 1992 年去世，哈珀號驅逐艦就是以她的名字命名的。

「看」出答案

你看到了甚麼？

訓練大腦視覺區域的第一步就是要去練習怎樣識別看到的信息。下面幾組圖片都是由三個不同物體的輪廓圖形疊加而成。你能看出它們分別是甚麼物體嗎？

1

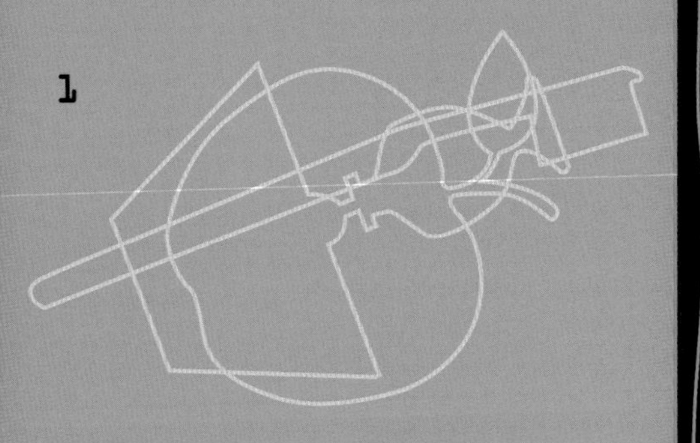

2

3

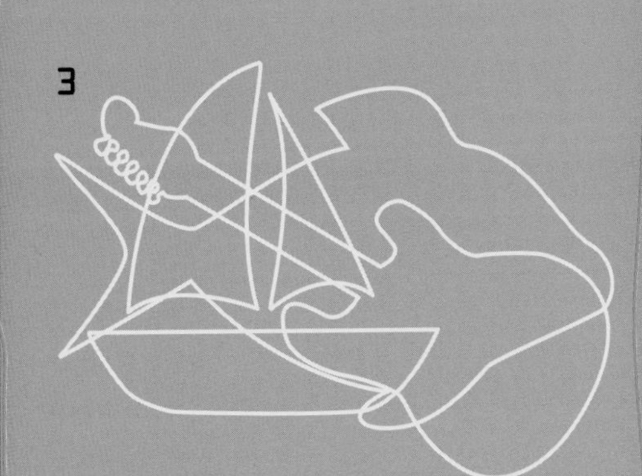

4

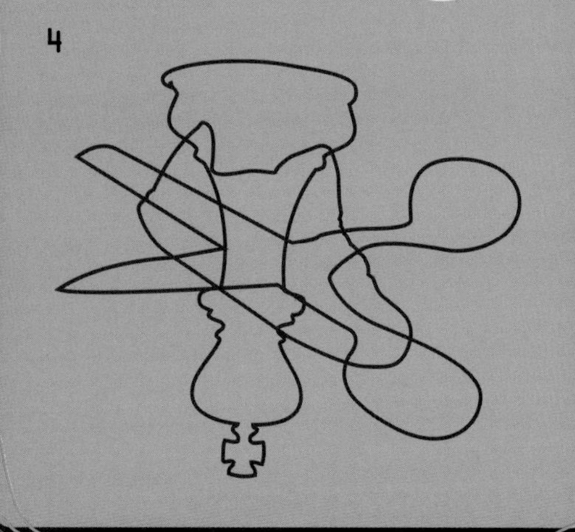

二維思考

用 16 根火柴（如下圖）擺成五個正方形，只移動兩根火柴，你能把五個正方形變成四個嗎？

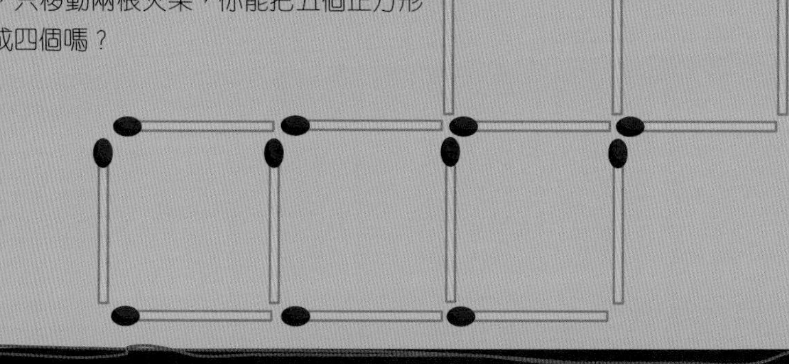

視覺順序

解答這個謎題需要看着物體想像它移動的景象。如果把這三張圖片疊加，最大的放最下面，依此類推，疊加後的圖像會是下面哪一個呢？

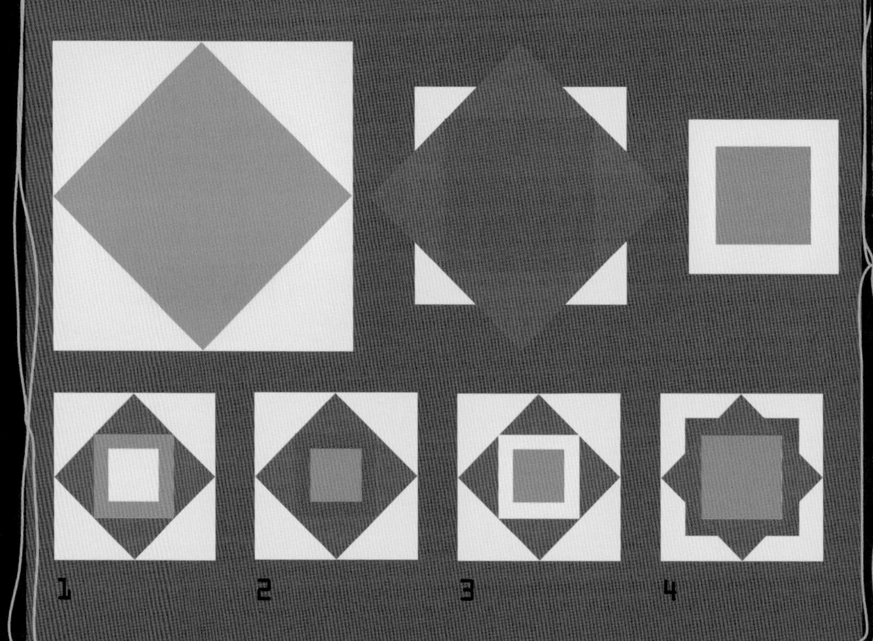

數學不一定非要與數字綁定。有時，把數學問題看成一幅圖像會更容易解答 —— 這就是俗稱的可視化技術。因為這種可視化數學動用了大腦不同的部位，所以更方便我們找出其中的邏輯性繼而得出答案。你能看出這三個問題的答案嗎？

三維視圖

測試你想像三維立體圖形旋轉的能力。如果把這個圖形摺疊組成一個立方體，你會看到下面哪個選項？

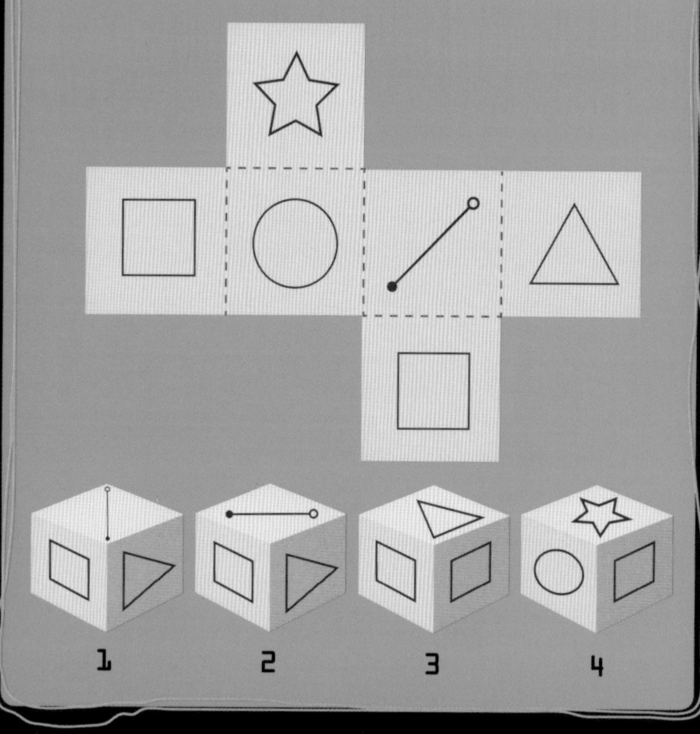

看着就能理解

一條龐大的蟒蛇正在爬上一棵樹。它身體的一半已經在樹上，另一半的 2/3 纏在樹幹上，另外還有 1.5 米從樹枝上垂下來。請問這條蛇有多長呢？

最近的研究顯示，玩電子遊戲可以促進視覺意識，增強短期記憶，延長注意力集中的時間。

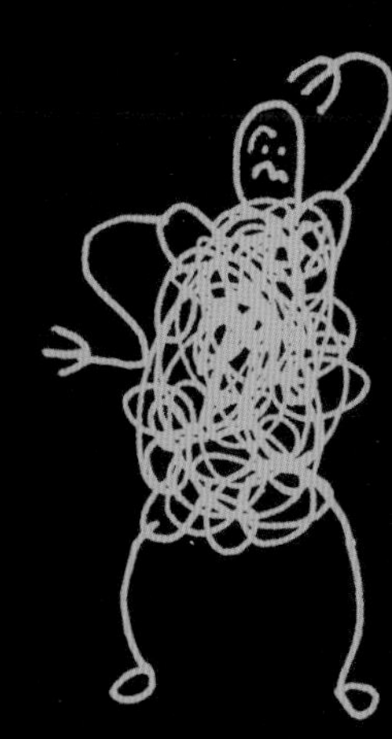

大腦有 40% 的區域負責處理視覺接收的信息。

錯覺的困惑

視覺上的假象，就像這頭大象，它讓你去努力想像一個其實根本不存在的意象。幻覺也會激發創意和靈感，讓你看到事物不同的角度。你能看出這頭大象有幾條腿嗎？

創造

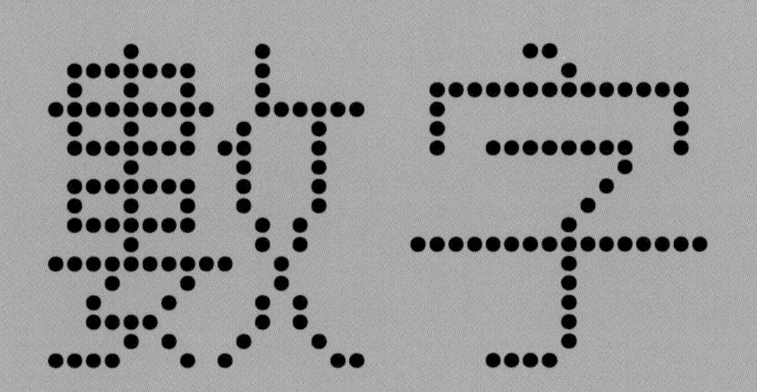
數字

學會
數數

我們天生就對數字有意識，但除此之外數學的所有方面都需要學習。我們在學校所學的數學規則和技巧是人類花費了數千年才制定出來的。儘管有些問題看上去很簡單，比如，9 後面的數字是幾？如何把一塊蛋糕分成三份？怎樣畫一個正方形？但其實在很久之前這些問題都需要人們去找尋答案。

1. 手指和計數

人類用手指數數已經有 10 萬年的歷史了。以前人類通過數數來保持牧羣的數量或者計算日期 —— 因為我們人類有 10 根手指，我們就用 10 個數字去數數 —— 數字 0、1、2、3、4、5、6、7、8 和 9。事實上，「數字」(digit) 這個詞本身就有「手指」的意思。當早期的人類數數用完手指時，他們會在物體上刻記號做標記。已知最早的標記出現在一隻猩猩的腿骨上 —— 距今已經有 3.7 萬年的歷史了。

4. 古埃及數學

分數讓我們知道如何分東西 —— 比如，四個人怎麼分一條麵包。現在，我們知道每個人可以分到 1/4。古埃及人在 4,500 年前就運用荷魯斯神之眼創造出了分數。這個眼睛的不同部分代表不同的分數 —— 這些分數都只是通過減半一次、兩次以及更多次得來的，因此還有很大的局限性。

5. 古希臘數學

大約公元前 600 年，希臘人就已經區分出現代數學的各個類別。希臘數學的重大突破在於不僅僅提出了有關數字和圖形的理論，而且還證明了這些理論的正確性。希臘人證明的許多規律都經受住了時間的考驗 —— 比如我們現在仍然需要在圖形中運用歐幾里得定理（幾何學），在三角形中運用畢達哥拉斯定理（也就是我們所說的勾股定理）。

2. 從數數到數字

大約 10,000 年前，近東地區出現人類第一批書面數字。那裏的人用黏土作為計數器，並用不同形狀代表不同的物體，比如八塊橢圓形的黏土代表八罐油。剛開始，人們把這些黏土黏在圖片上計數，後來發現這些圖片本身就能計數。所以那幅代表八瓶油的圖片就演變成數字 8 了。

3. 古巴比倫數字規則

大約 5,000 年前古巴比倫人就發明了「位值規則」（詳見第 31 頁）：單個數字的位置可以影響整個數字的大小——比如 2200 和 2020 就是兩個不同的數字。我們用十進制計數。先是從 1 到 9 的單個數字，然後進位（10，11，12，…）。但是古巴比倫人用六十進制計數，他們用楔形標記表示數字。

6. 現代數學

希臘的數學理論逐漸傳播到了中東和印度，在那裏推動了現代數學的發展。1202 年，斐波那契（意大利的一位數學家，以斐波那契數列聞名）在《計算之書》中將東方的數字和各種發現引進了歐洲。這也就是為甚麼我們現在的數字系統是基於古印度的數學理論而來的。

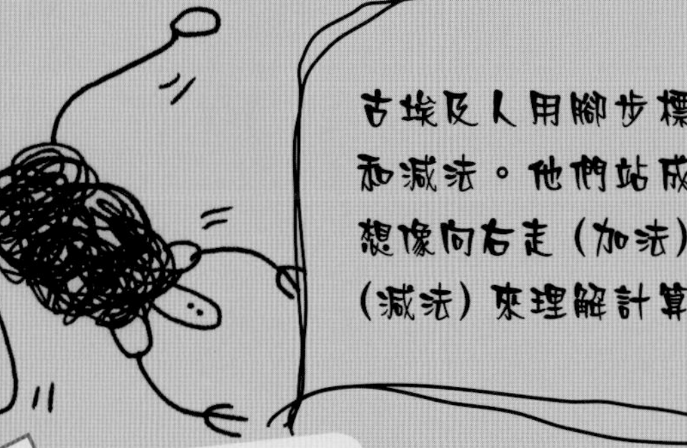

古埃及人用腳步標記表示加法和減法。他們站成一列，通過想像向右走（加法）或者向左走（減法）來理解計算。

小遊戲

嘶嘶—嗡嗡

嘗試用不同的方式數數。這個遊戲參與的人越多越好玩哦！大家輪流數數，遇到 3 的倍數時必須說「嘶嘶」，遇到 5 的倍數必須說「嗡嗡」。如果遇到既是 3 的倍數又是 5 的倍數則說「嘶嘶—嗡嗡」。說錯了的人就淘汰，堅持到最後的人獲勝。

數字系統

古代的數字系統經歷了數個世紀演變成今天我們所熟知的數字。我們現在所知最早的數字系統是古巴比倫數字，5,000多年前起源於古代伊拉克。

數字表格

幾乎所有的古代數字系統都基於同樣的想法：先設計“1”的標誌，然後再重複它來表示其他的單個數字。對於更大些的數字──通常是從10開始，則會再設計一套系統來表示。這些數字系統都能重複利用不斷書寫。

	1	2	3	4	5	6	7	8	9	10
古巴比倫數字	𒁹	𒈫	𒐈	𒐉	𒐊	𒐋	𒐌	𒐍	𒐎	𒌋
古埃及數字	I	II	III	IIII	IIIII	IIIIII	IIIIIII	IIIIIIII	IIIIIIIII	∩
古希臘數字	Α	Β	Γ	Δ	Ε	Ϛ	Ζ	Η	Θ	Ι
羅馬數字	I	II	III	IV	V	VI	VII	VIII	IX	X
中國數字	一	二	三	四	五	六	七	八	九	十
瑪雅數字	•	••	•••	••••	—	• —	•• —	••• —	•••• —	=

十個十個地數

大多數人都用兩隻手數數。我們有十根手指，所以我們有十個數字（「數字」和「手指」在英文裏是同一個詞：digit）。這種數數方法就是十進位系統。

聰明的八爪類動物幾乎能很準確地用8進制系統去數數。

巴比倫人用一隻手手指上各個關節來數12個數字。

六十進制

巴比倫人用六十進制法來數數。他們的一年有360天（6×60）。我們現在還不確定他們到底是怎麼用手指數數的。一種說法是先用一隻手的關節代表1到12，然後用另一隻手手指代表12的倍數──從12數到60（如下圖）。

用另一隻手的手指代表12的倍數。

用數字建造

古埃及人運用數學知識去建造各種房屋。比如，他們知道怎麼通過測量金字塔的高度和寬度計算出它的體積。在吉薩建造金字塔所用的石頭都經過了精確的測量 —— 因此石頭之間緊密貼合，連一張信用卡都塞不進去。

20	30	40	50	60	70	80	90	100
K	Λ	M	N	Ξ	O	Π	ϙ	P
XX	XXX	XL	L	LX	LXX	LXXX	XC	C
二十	三十	四十	五十	六十	七十	八十	九十	百

沒有數字的世界

想像一下這個世界沒有數字會是甚麼樣子……

- 沒有日期，沒有生日，沒有驚喜
- 沒有錢，沒有買賣，沒有消費
- 體育項目沒有比分沒有時間，運動變得無趣
- 無法測量距離 —— 只有不停地走，直到走到目的地無法測量高度和角度，你的房子將搖搖欲墜
- 沒有科學，所以也沒有令人驚奇的發明或技術
- 沒有電話號碼，無法與朋友聯繫

技術對話

計算機有自己的兩位數系統，稱為二進制。因為人類將計算機系統設計成僅有兩種狀態：開（1）或關（0）的轉換器。

走進希臘

很奇怪，古希臘用在數字和字母上的是同一套標記，所以當 β 不是 b 時，它就是 2。

A α（阿爾法）和 1
B β（貝塔）和 2
Γ γ（伽馬）和 3
Δ δ（德爾塔）和 4
E ε（伊普西龍）和 5
Ϛ ς（戴亞伽馬）和 6
Z ζ（截塔）和 7
H η（伊塔）和 8
Θ θ（西塔）和 9
I ι（約塔）和 10

羅馬數字

羅馬數字系統裏，如果單個數字放在比它大的數字前面，那麼整個數字的含義應該是大的數字減去小的數字。比如，IV 指 4（"I" 比 "V" 小）。這種算法有點複雜。比如用羅馬數字表示 199 就是 CXCIX。

大大的 0

0 是最後被發現的數字，原因也顯而易見 —— 試着用手指數數數到 0，這是不可能的！就算看過下面的介紹，我們也很難馬上理解這個神秘的數字。剛開始，人們只是把它當作補位數字，但當人們逐漸意識到它的重要性之後，就再也不敢忽視它的存在了。

0 是甚麼？

0 是指甚麼都沒有，但也並不總是這個意思！0 在數學計算及日常生活中扮演着重要的角色。在溫度、時間和足球賽比分裏，0 都有它的特定價值 —— 沒有它，所有的事物都會變得混亂不堪。

0 是一個數字嗎？
是的，但它既不是奇數也不是偶數。
0 既不是正數也不是負數。
任何數字乘以 0 都是 0。
任何數字減去它自己就是 0。

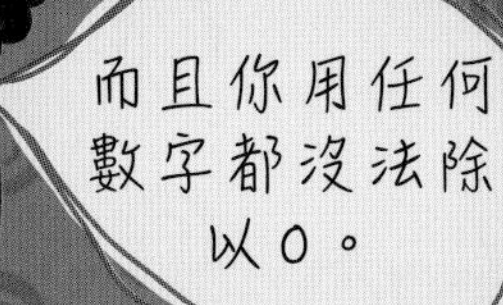

而且你用任何數字都沒法除以 0。

填補空白

0 的早期寫法是由古巴比倫人在 5,000 多年前發明的。它的樣子類似這張象形圖（右邊），起着把其他數字隔開的作用 —— 沒有 0，12、102 和 120 寫出來將是同一個數字：12。

波羅摩笈多

印度的數學家是第一批將 0 當作一個真正數字而不僅僅是補位數字的人。大約公元 650 年，一位名叫波羅摩笈多的印度數學家推算出 0 在計算中的作用。雖然他的一些解答是錯的，但他的成果卻是數學史上的一大進步。

位置決定大小
我們的十進位系統裏，單個位數在數字中的位置決定了它的大小。每個位置的大小是它右邊位置的 10 倍。這套位值系統只有當 0 所在位置能表示大小時才有效。所以，在這個算盤中，2 代表千位，4 代表百位，0 代表十位，6 代表個位，組成了數字 2,406。
2 4 0 6
零
沒有 0，我們沒法區別 11 和 101……
零點—00:00—就是凌晨了。
海平面的高度是零高度，太空中只有零重力。
……而且這樣一來，1 與 1 之間的差別，和 1 與 2 之間的差別就是一樣的。
倒數讀秒時，火箭在數到"0"時發射。
CCCIX
+DCCCV

小遊戲

羅馬數字練習題

羅馬數字裏沒有 0，他們用字母代表數字：I 指 1，V 指 5，X 指 10，C 指 100，D 指 500（詳見第 28-29 頁）。另外，你還記得 29 頁講過的羅馬數字的特殊規則嗎？比如，IX 指「比 10 差 1 個」，所以是 9。沒有 0 導致了計算相當困難。試試用羅馬數字（右圖所示）將 309 和 805 相加，你就能理解他們在計算上為甚麼這麼困難了。

絕對零度

溫度測量單位通常有攝氏和華氏兩種，但科學家經常使用開氏溫標。這個溫標的最低溫度就是所謂的絕對零度。理論上，絕對零度是宇宙中可能的最低溫度，但現實中科學家發現的溫度只能無限逼近它，而無法達到這一溫度。

（註：°C 為攝氏單位，°F 為華氏單位，K 為開氏溫標的單位。）

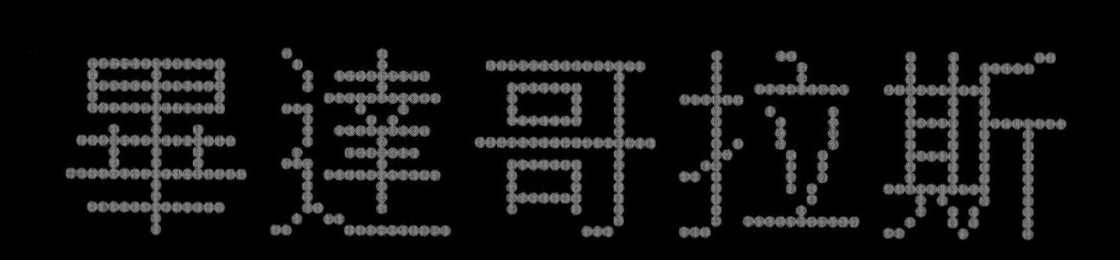

畢達哥拉斯可能是古代最著名的數學家，他最為人所熟知的是關於直角三角形的理論。畢達哥拉斯從小對周圍的世界充滿好奇，他在旅行的途中學到很多。他在埃及學音樂，可能是第一個發明音階的人。

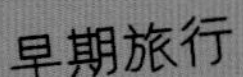

早期旅行

畢達哥拉斯大約於公元前 580 年出生在希臘撒摩亞島，據稱他遊歷埃及、巴比倫（現在的伊拉克），可能還有印度，並不斷學習吸取知識。他在四十多歲時定居在了意大利一個由希臘管轄的小鎮克羅頓。

畢達哥拉斯的學校由數學家圍成的內圈，以及聽眾學生圍成的外圈組成。根據史料記載，畢達哥拉斯經常在一處安靜的樹洞裏進行研究工作。

奇怪的社團

在克羅頓，畢達哥拉斯組建了一個社團，主要教授數學，同時也傳播宗教和神話。畢達哥拉斯社團成員遵守着奇怪的社規，比如「屋簷上不允許有燕子窩」、「不能坐在斗上」以及「不吃豆子」。他們逐漸攪入當地政治鬥爭，與克羅頓當權者意見相左。官員燒毀了他們的聚會場地之後，包括畢達哥拉斯在內的許多成員都逃離了。

畢達哥拉斯將奇數比作男性，偶數比作女性。

對於畢達哥拉斯來說，數字 10 能擺出最完美的圖形，這個數字的圓點能組成一個等邊三角形。

畢達哥拉斯定理（勾股定理）

畢達哥拉斯這個名字之所以被人們所熟知就是因為他的著名定理。這個定理的內容是：直角三角形斜邊（直角相對的那條最長的邊）的平方等於其他兩條直角邊的平方和。定理用數學公式表示為 $a^2+b^2=c^2$。

a a a a c c c c b b b b

直角三角形的直角正對着最長的邊，也就是斜邊。

斜邊（c）的平方等於其他兩邊（a 和 b）的平方和。

危險的數字

畢達哥拉斯認為所有的數字都是有理數—它們都能用分數表示。比如，5 可以寫成 5/1，1.5 可以寫成 3/2。但他最聰明的學生，希帕索斯，據說已經證明出√2不能用分數表示，所以它是無理數。據史料記載，畢達哥拉斯無法接受這個事實，非常失落，所以選擇了自殺。也有傳言說希帕索斯因為證明了無理數的存在而被淹死。

畢達哥拉斯意識到如果水杯按照簡單的比例裝入水，敲擊水杯就能發出悅耳的聲音。

數學和音樂

畢達哥拉斯發現悅耳的音符遵循簡單的數學規則。比如，一個悅耳的音符可以通過彈奏兩根弦得到，其中一根弦的長度是另一根的兩倍——換句話說，兩根弦的長度比為 2:1。

地球可能是一個天體—畢達哥拉斯是早期提出該想法的人之一。

數字遺產

畢達哥拉斯學派認為整個世界只包含有五種正多面體（有相同平面的物體），如下圖所示，它們邊的數量各有不同。對於該學派的人來說，這也證明了他們的觀點，即數字能解釋所有事情。現在的科學家嘗試用數學的形式詮釋整個世界，所以畢達哥拉斯的理論得以延續。

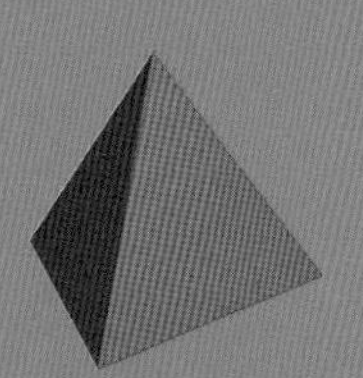
四面體：
4 個三角形平面

立方體：
6 個正方形平面

八面體：
8 個三角形平面

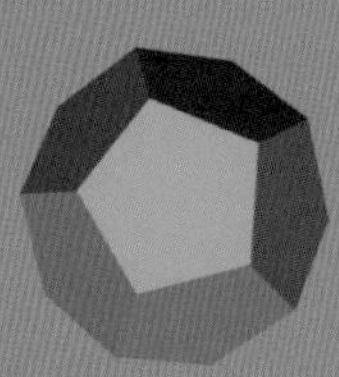
十二面體：
12 個五角形平面

二十面體：
20 個三角形平面

畢達哥拉斯認為地球是一組天體的中心，這組天體在轉動時會發出悅耳的聲音。

跳出思維定式

有些問題不能按照常規方法一步步解決，而需要從不同的角度去思考——有時我們甚至能很簡單地「看」到答案。解決問題所依靠的這種直覺是大腦活動中最難解釋的一部分。有時，如果你試着用非常規的方法解決問題，反而會更容易看到答案——我們稱之為橫向思維。

1. 名次變換

你在一次賽跑中趕超了第二名，那你現在是第幾名？

2. 爆炸！

如何將 10 個大頭針刺入一隻氣球裏而不使它爆炸？

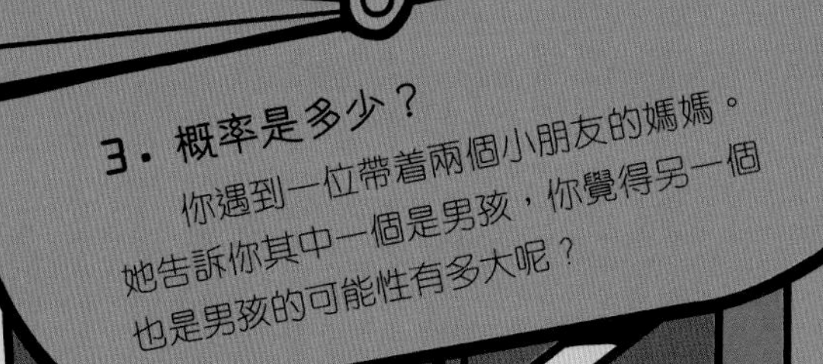

3. 概率是多少？

你遇到一位帶着兩個小朋友的媽媽。她告訴你其中一個是男孩，你覺得另一個也是男孩的可能性有多大呢？

4. 姐妹

一對父母有兩個女兒，她們是同年同月同日生，但不是雙胞胎。那她們到底是甚麼關係呢？

5. 金錢

你有兩個完全相同的錢袋，一個裝了些硬幣，另一個也裝了硬幣，只是大小和價值都是另一個的兩倍。請問哪個錢袋更值錢呢？

6. 多少？

如果10個小朋友10分鐘能吃10根香蕉，那請問多少個小朋友能夠在100分鐘裏吃100根香蕉呢？

7. 左邊還是右邊？

左手手套可以在鏡子裏變成右手手套，你知道還有別的方法讓它變成右手手套嗎？

8. 孤獨的人

有一個人從沒有離開過他的房子。唯一的訪客是每兩周給他送一次食物的人。一個風雪交加的黑夜，他終於崩潰，關掉燈去睡覺了。第二天早晨，有人發現他的舉動導致了好幾個人死亡。為甚麼呢？

9．一路向上
甚麼東西只升不降？
10．交替
下圖中有三個玻璃杯裝了橙汁，另外三個杯子是空的。只移動一個杯子，可以讓空杯子與裝橙汁杯子交替擺放嗎？
11．損失？
一個人以每千克 1 美元的價錢從美國農民那兒採購來大米，然後去印度以每千克 0.05 美元的價錢賣掉。結果他變成了一個百萬富翁。為甚麼呢？
12．誰是兇手？
警察收到匿名電話，準備到一間屋裏拘捕嫌疑殺人犯。警察不知道他長得怎麼樣，只知他叫約翰，而且正在屋裏。在屋裏有一名木匠、一名貨車司機、一名維修技工以及一名消防員在玩撲克。警察在沒有任何通訊下毫不猶豫就拘捕了消防員。他們如何知道是找對了人？
13．冷！
你被困在一個寒冷雪山的小木屋裏，屋裏溫度逐漸降低，天色也漸漸暗了下來。你有一個火柴盒裏面只有一根火柴。小木屋裏有下面這些東西，你會先點燃甚麼？
• 一根蠟燭
• 一盞煤氣燈
• 一個防風的燈籠
• 有點火器的木柴
• 吸引營救者的信號燈
14．空難！
一架飛機從倫敦出發飛往日本。幾個小時後飛機引擎出了問題，飛機在意大利和瑞士的邊境墜機。請問生還者該埋葬在哪裏？
易碎物件
15．掃落葉
一羣孩子在大街上掃落葉。他們在一所房子前掃了七堆葉子，在另一家掃了四堆，又在一家掃了五堆。他們把所有這幾堆葉子放在一起會有多少堆呢？
16．家
一個人建造了一所正方形的房子，四面朝南。一天早晨，他隔着窗戶看到一隻熊。請問這隻熊會是甚麼顏色的？

有規律的數字

幾千年前，古希臘人將數字想像成各種形狀，因為通過擺放不同數量的物體能形成不同的形狀。數字的序列也能形成一些規律。

平方數

如果特定數量的物體能排成沒有缺口的正方形，那麼這個特定數量的數字就叫平方數。你也可以通過對數字進行「平方」來得到平方數——也就是讓數字乘以它自己，比如 1×1=1，2×2=4，3×3=9，⋯

16 個物體能排成 4×4 的正方形。

1　4　9　16　25

$1^2 = 1$

$11^2 = 121$

$111^2 = 12321$

$1111^2 = 1234321$

$11111^2 = 123454321$

$111111^2 = 12345654321$

神奇的 1

對只有 1 的數字進行平方，你會得到很多不是 1 的位數。神奇的是，得出的那串數字從前往後或者從後往前讀出來都是一樣的。

「奇」數

1，2，3，4，5 的平方數分別為 1，4，9，16，25。算出這個數列中每兩個相鄰數字之間的差（比如，1 和 4 之間的差是 3）。把答案按順序寫下來，你能看出甚麼規律嗎？

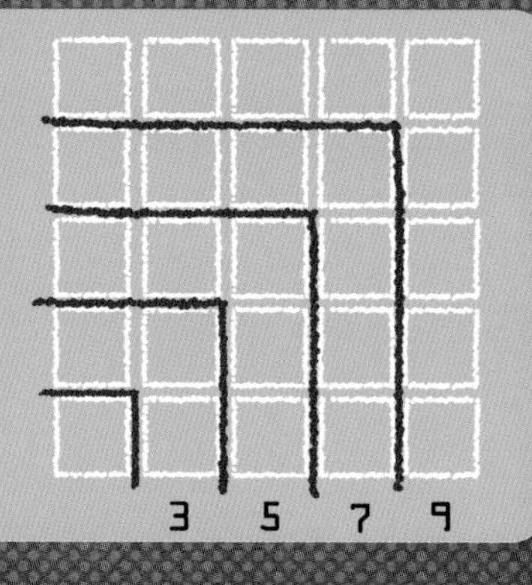

三角形數

如果你能用特定數量的物體擺出等邊三角形（三條邊長度相同的三角形），那麼這個特定數量的數字就是三角形數。將連續的數字（相鄰的數字）依次相加便可得到三角形數：0+1=1，0+1+2=3，0+1+2+3=6，依此類推。古希臘許多數學家對三角形數很着迷，但現在我們已經用得不多了，除非需要用它來證明數學公式。

立方數

如果一定數量的物體，比如牆磚，能組合成立方體，那麼這個數量的數字就叫立方數。將數字連續兩次乘以它自己便可得到立方數，比如 2×2×2=8。

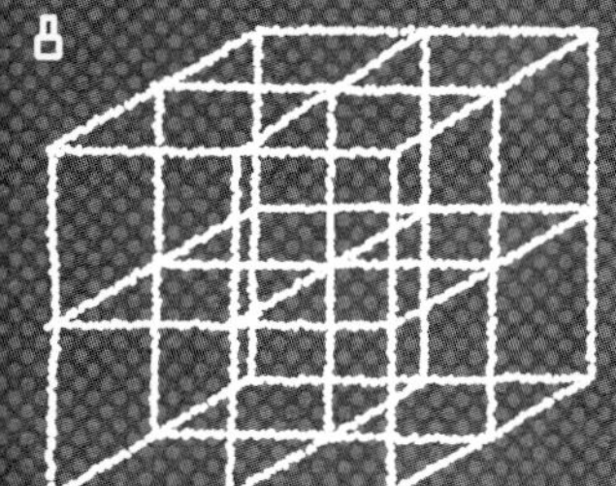

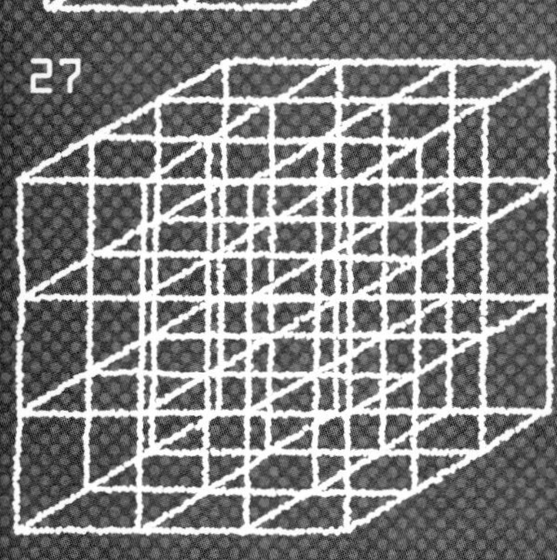

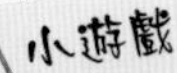

小遊戲

越獄

20 個囚犯被鎖在 20 個小牢房裏。一個獄警過來巡邏，沒有意識到牢房都鎖住了，所以又把所有牢房的門鎖用鑰匙給轉開了。十分鐘之後，第二名獄警也過來巡邏，把 2、4、6 號等依此類推的房間門鎖轉動了一遍。第三名獄警過來做了同樣的舉動，把 3、6、9 號等房間門鎖轉動了一遍。這一舉動一直持續到第 20 名獄警過來把 20 號房間門鎖轉了一遍。請問最後有多少囚犯逃跑了？找到其中的規律能幫你快速得到答案哦！

握手

三個朋友見面，每個人都要分別與另外兩個人握手一次。請問他們總共握了幾次手？可以通過畫圖的方式得出答案，把人當作點，把點與點之間的連線當作握手，計算連線的數量即可。按照同樣的方式再計算出四人、五人以及六人的握手數量。你能從中總結出規律嗎？

完美解答？

數字 1、2、3、6 都能整除數字 6，所以這幾個數字叫因數。如果一個自然數的因數（不包括它自己）總和正好等於它自己，那麼這個數就是完全數（完美數）。所以，1+2+3=6，6 就是一個完全數。你能計算出下一個完全數嗎？

計算小竅門

數學家利用各種各樣的小竅門快速找到答案。這些小竅門大都很好掌握，等你學會如何使用之後做算術題會特別容易，肯定會給老師和同學留下深刻印象哦！

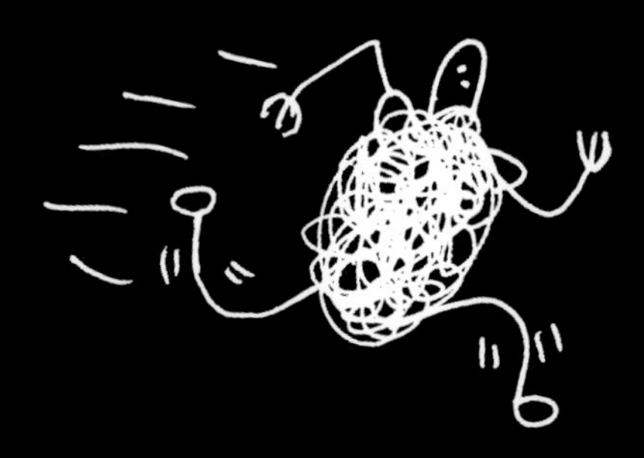

彎曲第九個手指來計算出 9×9

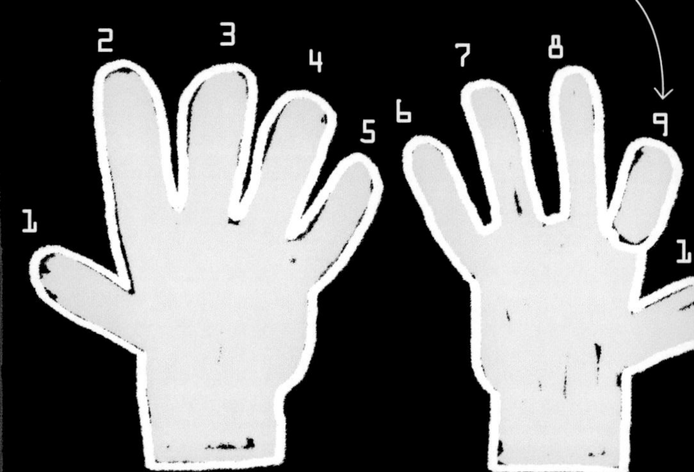

乘法小竅門

熟背九九乘法表是最基本的數學技巧，而下面的一些技巧也能多多少少幫到你：

- 如果想要快速計算乘以 4 的結果，可以簡單地處理為先乘以 2 然後再乘以 2。
- 如果一個數字乘以 5，可以先將該數字除以 2 再乘以 10。比如，24×5 可以先 24÷2=12，然後 12×10=120。
- 數字乘以 11 有一個簡單的方法，先乘以 10。再加上它本身就能得到答案。
- 兩個較大的數字相乘，如果其中一個是偶數，將偶數減半，另一個數加倍。如果減半之後還是偶數，可以重複這一過程。比如，32×125 等於 16×250，也等於 8×500，也等於 4×1,000。最後的結果都是 4,000。

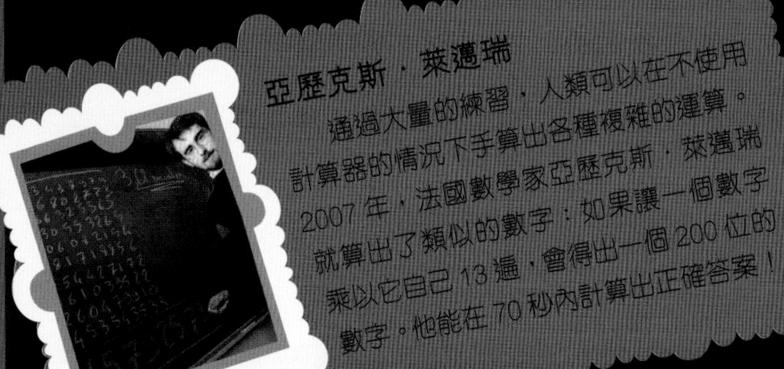

亞歷克斯．萊邁瑞
通過大量的練習，人類可以在不使用計算器的情況下手算出各種複雜的運算。2007 年，法國數學家亞歷克斯．萊邁瑞就算出了類似的數字：如果讓一個數字乘以它自己 13 遍，會得出一個 200 位的數字。他能在 70 秒內計算出正確答案！

用手算出乘以 9 的答案

下面有個小竅門，掌握之後你會覺得乘以 9 的運算簡直是小菜一碟。

第一步

舉起雙手讓手心面對你。找到要乘以 9 的那個數字，將代表這個數字的手指彎曲。所以，如果是 9×9，就將第 9 個手指彎曲。

第二步

找出彎曲手指左邊的那個手指代表的數字，將它與彎曲手指右邊的手指的個數相結合（不是相加）。比如，如果彎曲第九根手指，你可以將左邊的數字 8，與右邊的數字 1 相結合，得到 81（9×9=81）。

除法小竅門

下面有很多小竅門能幫你快速解決除法問題：

- 可以通過加總一個數字的每位數來確定它是否能被 3 整除。如果相加結果是 3 的倍數，那麼這個數字能被 3 整除。比如，5,394 能被 3 整除，因為 5+3+9+4=21，是 3 的倍數。
- 如果一個數字能被 3 整除，並且最後一位是偶數，那麼它就能被 6 整除。
- 如果一個數字每位數加起來總和是 9 的倍數，那麼它就能被 9 整除。比如，201,915 能被 9 整除，因為 2+0+1+9+1+5=18，是 9 的倍數。
- 怎樣知道一個數字是否能被 11 整除呢？從這個數字左邊的第一位開始，減去下一位數字，然後加上再下一位數字，然後再減，依此類推。如果答案是 0 或者 11，那麼這個數字就能被 11 整除。比如，35,706 能被 11 整除，因為 3-5+7-0+6=11。

在東亞，有些人會使用算盤進行計算，速度非常快。

計算小費

如果你在餐廳用餐之後想留下 15% 的小費，這兒有一個簡單的計算方法。先算出 10% 的結果（將數字除以 10），然後再加上這個數值的一半，便能得出答案。

快速平方

如果你需要計算一個兩位數且個位數是 5 的平方，那麼你可以將第一位數乘以它自己加 1 的和，然後將 25 放在末尾，得出答案。所以，計算 15 的平方，可以 1×(1+1)=2，然後再連上 25 得出 225。下面也列出了如何計算 25 的平方：

2 × (2+1) = 6
連上 25 = 625

打敗時鐘

這個遊戲能測試你的快速心算能力。如果邀請一組朋友來玩會更有趣。

第一步

首先，其中一人從下面的數字裏選兩個：25、50、75、100。然後另外一個人從 1 到 10 裏選擇 4 個數字。將這 6 個數字按順序寫下來。然後讓一個人從 100 到 999 中挑一個數字，寫在剛才那 6 個較小數字旁邊。

第二步

在兩分鐘之內，對選擇的這 6 個數字進行加減乘除，每個數字只能用一次，得出與那個較大數字相近的數。正好得出那個較大數字或者最相近數字的人就是冠軍。

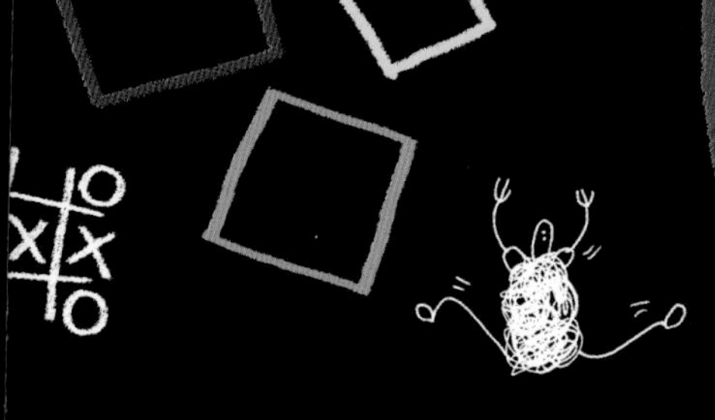

阿基米德曾說過：「給我一根足夠長的槓桿，我就能撬動整個地球。」

阿基米德

阿基米德在埃及時，總是在亞歷山大城的圖書館學習，這是古代最大的圖書館。

阿基米德可能是古代最偉大的數學家。跟其他大多數數學家不同，他相當注重實踐，利用數學知識創造了各式各樣的新發明，包括一些用於戰爭的特別裝置。

據說阿基米德發現測量體積的方法後，跳出浴缸，全身裸體跑到大街上大喊：「尤里卡！」（希臘語：有辦法了！）

早期生活

阿基米德於公元前 287 年出生在西西里島的敘古拉。青年時期遠赴埃及並與那兒的數學家一起工作。傳說阿基米德回到故鄉敘古拉後，聽說埃及那幫數學家將自己的發現據為己有。為了懲罰他們的醜惡行徑，阿基米德把一些錯誤的計算成果寄給他們。這些埃及數學家依舊聲稱這些新發現是屬於他們的，人們很快發現這些計算成果都是錯的，這些人的行為也因此敗露。

尤里卡！

阿基米德最著名的發現源於國王命令他去檢查自己的皇冠是否是純金的。為了解答這個問題，他得先測出皇冠的體積，但怎麼測呢？當阿基米德坐進裝滿水的浴缸時，他意識到溢出的水能夠測量出體積，從而得出身體——或者皇冠的體積。

天才的發明

我們相信阿基米德發明了世界上第一台天文儀——一台能夠展示太陽、月球和其他星球活動的機器。儘管包含阿基米德的名字，但阿基米德式螺旋抽水機並不是他發明的。據說他在埃及了解了這項設計後，就將它引進希臘做水泵了。

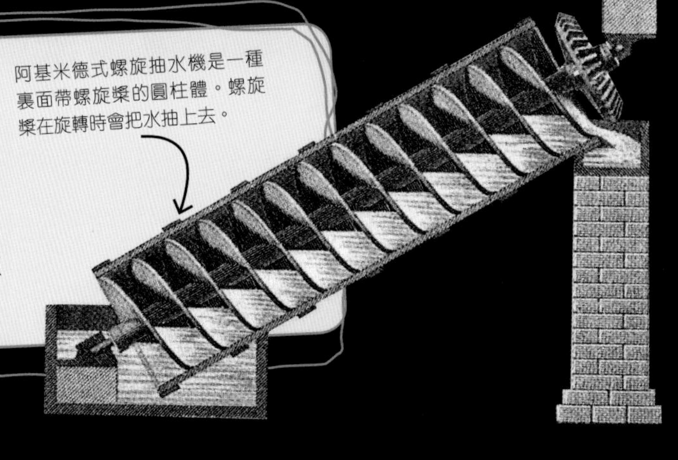
阿基米德式螺旋抽水機是一種裏面帶螺旋槳的圓柱體。螺旋槳在旋轉時會把水抽上去。

思考宇宙

阿基米德進行過一項研究，目的是計算出宇宙中分佈的沙粒數量。他的研究後來被證明是錯的——畢竟古希臘人對宇宙知之甚少。但為了找到答案，阿基米德學會了如何書寫非常大的數字。這一點對於科學家來說極其重要。比如地球的體積大約為1,000,000,000,000,000,000,000,000立方厘米——1 後面跟着 24 個 0。科學家會將它寫得簡單得多，即 1×10^{24}——這種簡便的記數方式叫作科學記數法（詳見第 43 頁）。

阿基米德創造了早期的微積分表格，直到 2,000 年後才有其他科學家進一步拓展該領域。

行動中的數學

阿基米德聲稱可以在港口單槍匹馬拉動一條滿載的船——他最後成功了，通過使用滑輪，他原本的力量得到了加倍的提升。滑輪的作用在於讓較小的力量通過長距離轉換成短距離上較大的力量。

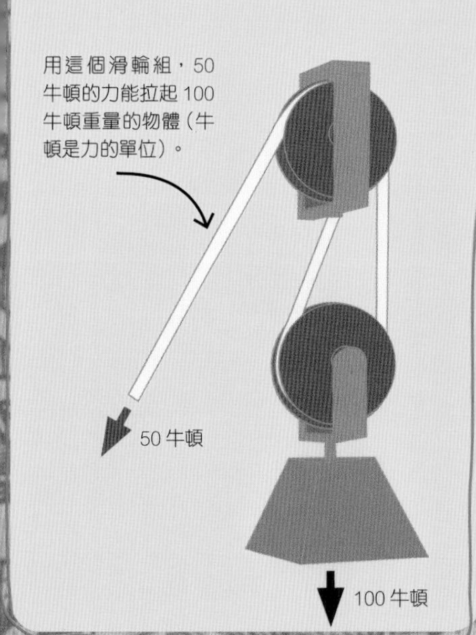

用這個滑輪組，50 牛頓的力能拉起 100 牛頓重量的物體（牛頓是力的單位）。
50 牛頓
100 牛頓

阿基米德被入侵敘古拉的羅馬人殺死。傳說老人死前最後一句話是：「不要打擾我畫圈！」

戰爭中的阿基米德

當阿基米德年老時，羅馬軍隊攻佔了敘古拉。阿基米德建造了很多戰爭機器幫助家鄉抵抗敵軍。傳說其中一個是一種巨大的爪子，它可以把追逐的敵軍船隻拖進水裏淹沒。另一個是一種巨大的鏡子，用於聚焦陽光來點燃敵軍的帆船。雖然阿基米德做了很大的努力，但最終羅馬人還是取勝並攻佔了他的城市。阿基米德於公元前 212 年去世。據說是因為他不肯離開正在進行的計算研究，所以一名羅馬士兵發怒殺掉了他。

數學和測量

從看時間到買食物、挑衣服，我們每天都會進行測量。原理是相同的——通過一些測量設備找出想要測量的事物包含多少個測量單位（比如厘米或者克）。

測量

從宇宙的年齡到媽媽的雜物，大多數能用數字表達的東西都能測量。一旦掌握了測量方法，你便能做很多事情，比如製造一輛小轎車，解釋太陽為甚麼會發光。測量在法庭辯論中也扮演着極其重要的角色，幫助我們解決犯罪定罪問題。

進攻路線

刑偵學家運用各種各樣的測量方法取得犯罪現場的圖片。他們會標記證據所處的位置，測量各種角度，推算出罪犯的活動以及物體的移動軌跡。同時也能驗證目擊者是否能在他所處的位置看到如他所說的那些東西。

國際標準單位

每種測量都至少有一種單位，而大多數都有多種單位，了解這些具體的單位對於我們每個人來說都極其重要。這七種已經在國際上得到認同的基本單位，叫作國際標準單位（如下表所示）。如果混淆了單位，就有可能發生意外事故。1999 年，一架火星探測器撞上了行星，因為探測器是以米和千克這類單位來編寫程序的，但操作員卻發送了以英吋和磅為單位的錯誤指令。

單位名稱（符號）	測量內容
千米 (km)	長度
千克 (kg)	質量
秒 (s)	時間
安培 (A)	電流強度
開爾文 (K)	熱力學溫度
摩爾 (mol)	物質的量
坎德拉 (cd)	發光強度

吻合的指紋

每個人的指紋都不一樣。因此警察可以通過測量犯罪現場發現的指紋中線條的形狀來比對嫌疑人的指紋，看是否吻合。

壓力之下

人的心率和血壓等數據都能被測量。測謊儀就是測量類似指標的儀器。但不尋常的身體反應並不一定都是說謊引起的，所以測謊儀得出的結果並不能作為證據。

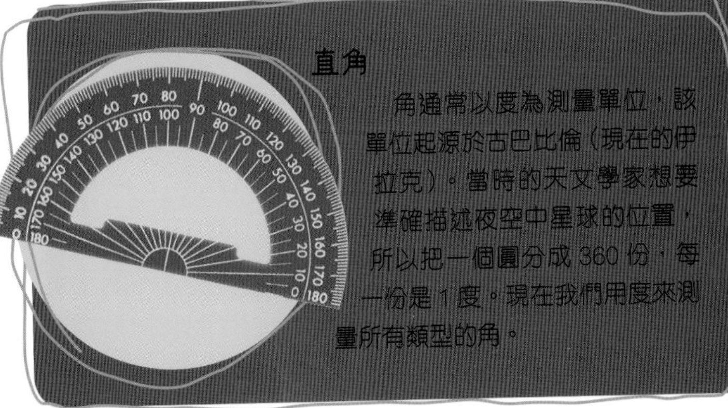

直角

角通常以度為測量單位，該單位起源於古巴比倫（現在的伊拉克）。當時的天文學家想要準確描述夜空中星球的位置，所以把一個圓分成 360 份，每一份是 1 度。現在我們用度來測量所有類型的角。

痕跡

無論是去哪兒，你總會留下自身的痕跡 —— 頭髮、汗液、血跡或者鞋底的泥土顆粒。刑偵學家能在極小的痕跡中檢測出化學物質並進行比對，從而找到罪犯。

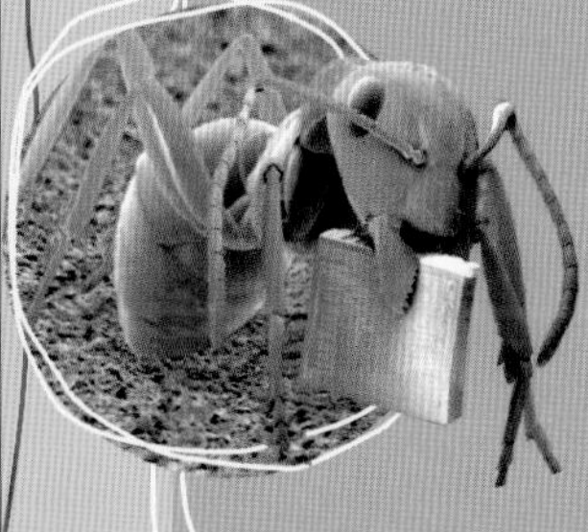

極小單位

1 微米 = 10^{-6} 米
1 納米 = 10^{-9} 米
1 皮米 = 10^{-12} 米
1 飛米 = 10^{-15} 米
1 幺米 = 10^{-24} 米

這隻放大的螞蟻下頜有一個 10^{-3} 米（1 毫米）寬的微晶片。

科學記數法

測量一些超級小或超級大的事物時，我們可以用十進制單位的分數，像上面的這些單位，或者用特殊的單位，像下面的那些。超級小或超級大的數字可以運用科學記數法來書寫，通過發揮 10 的作用來避免太多的 0 以節省空間。所以，200 萬可以寫成 2×10^{6}，百萬分之一可以寫成 1×10^{-6}。

極大單位

1 天文單位 = 1.5×10^{11} 米
1 光年 = 9.46×10^{15} 米
1 秒差距 = 3×10^{16} 米
1,000 秒差距 = 3×10^{19} 米
100 萬秒差距 = 3×10^{22} 米

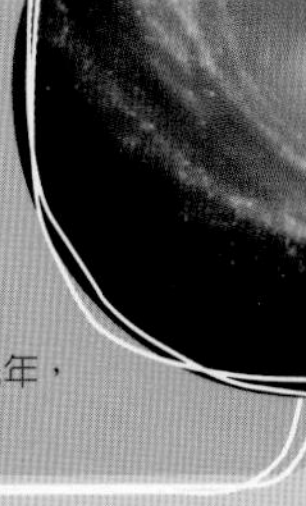

銀河系的直徑達 10 萬光年，即 9.46×10^{20} 米。

如果鞋印相符……

測量腳印不僅能推算出這個人鞋子的尺碼，還能推測出他的身高、體重，是跑步還是行走等。我們可以拿鞋底的樣式與嫌疑人的鞋作比對看是否相符。

多大？多遠？

在各種發明創造已相當完善的現代社會，幾乎不再需要你自己去創造甚麼東西。但如果能運用自己的聰明才智，再加上一點簡單計算來解決問題的話，會讓你很有滿足感的。這裏有一些好玩的小竅門、小挑戰等着你開動腦筋去實現哦！

埃及人用手去測量較小的尺寸
一指寬——一根手指的寬度
跨度
手掌
英吋一從大拇指的頂端到第一個關節
腳
羅馬人用腳步和步幅測量較長的距離
步幅——一隻腳從後走到前總共兩步的距離

從頭到腳

想像你被海水沖到一座島上，只有身上的衣服以及一些寶藏。你想先把寶藏埋起來，這樣你可以去勘察一下小島，如果幸運的話就能得救。沙灘上最柔軟的區域離一棵棕櫚樹有一定距離——你怎樣測量它到埋藏寶藏地點的距離以便下次能很快找到？解決方法就是用你的身體去測量，這種方法是人類最原始的測量手段，古埃及人和古羅馬人都曾經用到它。當然，這套測量系統的缺點就是每個人的體型和尺寸不同，所以得到的測量結果也不同。

看着陰影

你想過自己最喜歡的樹有多高，或者你住的房子有多高嗎？找一個陽光明媚的日子，用你自己的影子做參考來解決這個問題。最合適的測量時間是在陽光與被照射的物體呈 45 度角時。

你需要

- 一個灑滿陽光的日子
- 一把捲尺

第一步

在一個大晴天，站在你要測量的物體旁邊，背對着太陽。躺在地上把你的身高標記出來——從頭的頂部一直到腳後跟。

如果你沒法等到影子的長度和你的身高一樣，你可以算出影子長度與身高的比例—比如，影子是身高的一半，那你只需要把物體影子的測量結果再加倍就能得到物體的高度了。

第二步

站在標記中腳的位置等着，看着你的影子的變化。當影子與標記的身高相同時，說明陽光正好 45 度角。

第三步

衝向要測量的物體，測量它的影子長度，得到的結果就是它的高度。

預測暴風雨

地平線的那邊有一場暴風雨，它到底有多遠呢？是來還是走呢？下面有解答。

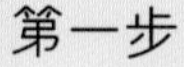

第一步

看着閃電聽着雷聲。當你看到一道閃電便開始數數讀秒，讀到雷聲響為止。你可以利用手錶上的秒針，如果沒有就直接數數。

第二步

然後把總秒數除以 3，得到的結果就是暴風雨距離的千米數。所以如果數了 15 秒，暴風雨就離你 5 千米遠。

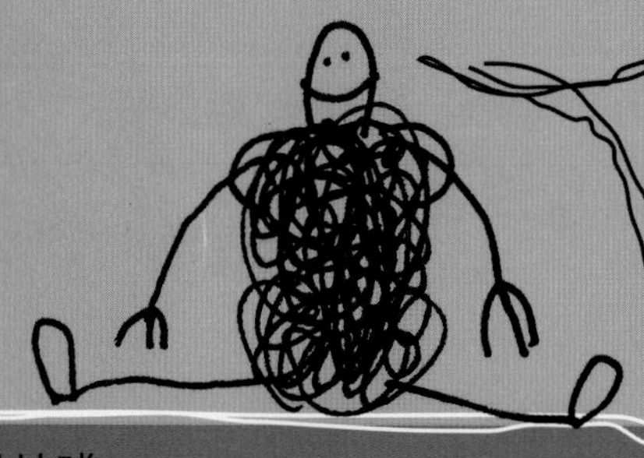

在沒有錶的情況下讀秒，可以用比較長的單詞來保持準確的節奏。比如：「一個毛線球，兩個毛線球，三個毛線球……」

測量地球

2,000 多年前，古希臘數學家伊拉特斯提尼斯就測量出了地球的大小，結果幾乎完全準確。下面我們來解密他是怎樣做到的，你也可以看看你能不能算出正確答案。

第一步

伊拉特斯提尼斯在埃及南部的西奈偶然發現一口井，每年只有在夏至這一天中午時會發生這樣的情況：一束陽光正好照射進井內，而井底的水將陽光反射回去。他意識到這時太陽在正頭頂上。

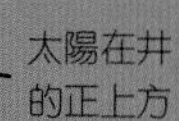

太陽在井的正上方

陽光垂直照射進井裏，說明太陽在正頭頂

井底的水像是一面鏡子，將陽光反射回去

第二步

然後伊拉特斯提尼斯於夏至這一天在埃及南部的亞歷山大發現太陽照射地面會投射出一個陰影，形成一個極小的角度。他通過測量畫出一個三角形，計算出太陽的光線呈 7.2 度。

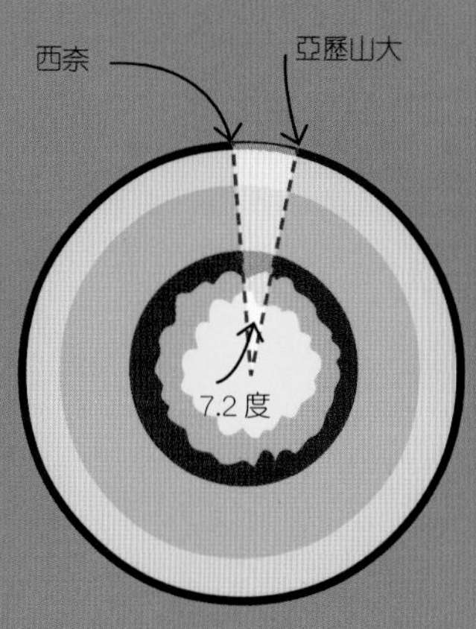

第三步

眾所周知，地球是圓的。想像兩條延伸至地球中心的線，其中一條垂直，另一條與它成 7.2° 角。一個圓是 360 度，所以用 7.2 除以 360 就能算出這一部分在整個地球周長中的比例。如果西奈與亞歷山大之間的距離是 800 千米，你能算出地球表面的圓周長嗎？

大小的問題

從日常生活到極限情況，幾乎沒有東西是不能測量的。這裏有些非常可怕的指數——龍捲風指數、都靈危險指數以及氣味指數——了解後就知道到時是該跑呢，還是躲呢，還是掩住鼻子了！

快撤！

火山噴發會通過一個 1~8 級的指數來衡量，該指數綜合考慮噴出物質的數量、噴發的高度以及噴發持續的時間。0 代表沒有噴發，1 代表輕微，每增加 1 級表示火山爆發威力增大 10 倍。

0：流出 — **基拉韋厄火山**（仍在噴發）
1：輕微 — **斯特龍博利火山**（仍在噴發）
2：爆炸 — **錫納朋火山**（2010 年）
3：劇烈 — **蘇佛里耶**（1995 年）
4：災難 — **艾維法拉火山**（2010 年）
5：多發 — **維蘇威火山**（79 年）
6：巨大 — **喀拉喀托火山**（1883 年）
7：超級巨大 — **米諾斯火山**（公元前 1600 年）
8：超級規模 — **黃石火山**（64 萬年前）

末日浩劫？

小行星不僅僅存在於電影中——也廣泛存在於太陽系。天文學家用都靈危險指數測量小行星撞擊地球引起的毀壞程度。0 表示撞擊基本不可能發生；5 表示有近地物體接近，不確定必然撞擊；10 表示我們都無法倖免將被全部毀滅。

噓噓噓！

聲音變幻無常，測量起來會有些小困難。它可以在頻率上高或低（用赫茲測量），也可以在音量上很大或很小。聲音大小是用分貝（dB）測量的，與聲波震動威力的大小有關。人類能聽見的最小的聲音就是 0 分貝，典型的演講聲音為 55~65 分貝，30 米外一架噴氣式飛機的引擎聲響為 140 分貝。聲音超過 120 分貝就會對我們的聽力造成損傷。

胡茬指數

一個鬍鬚秒是指一個人的鬍子一秒鐘長出的長度：5 納米（5×10^{-9} 米）。這種極微小的測量一般只有科學家用得到。

龍捲風

藤田級數，又叫「龍捲風指數」，是根據風速和毀壞物體的數量來估算龍捲風強烈程度的標準。F-0 級龍捲風會毀壞煙囪，F-3 級會將房頂掀翻，F-5 會將整個房子吹跑。

F-0：64~116 千米 / 時 — 輕微毀壞

F-1：117~180 千米 / 時 — 一些毀壞

F-2：181~253 千米 / 時 — 顯著毀壞

F-3：254~332 千米 / 時 — 劇烈毀壞

F-4：333~418 千米 / 時 — 破壞性災害

F-5：419~512 千米 / 時 — 毀滅性災害

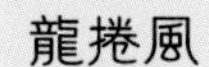

像穀倉一樣大

穀倉（barn）看上去挺大的，但從物理學的角度來說，靶恩（barn）相當於一個鈾原子其原子核的大小，它其實非常小。

當心！

如果你正好處於雪山區域，應該注意雪崩危險指數。這個指數用顏色代碼表示，類似於交通信號燈 —— 綠色代表低風險，可以出行；黃色和橘色代表中等風險，要小心；紅色和黑色表示你應該呆在家裏，否則你自己就可能引起雪崩。

辣！辣！辣！

辣椒的辣度是用史高維爾指數測量的，範圍從 0（輕微）到 100 萬（爆炸）。

0：甜椒

2,500：墨西哥辣椒

3,000：紅辣椒

200,000：哈瓦那辣椒

1,000,000：印度鬼椒

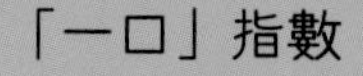

「一口」指數

一口食物的數量大約為 28 毫升。但誰會想要了解一口食物的準確數量呢？

呸呸呸！

我們甚至可以用氣味指數測量討厭的氣味，這個指數範圍從 0~100。

0：沒有氣味

13：一般放屁的氣味

50：讓人作嘔的氣味

100：致命的氣味

馬力

馬力是測量引擎或馬達動力產出的單位。這個測量指數源於剛剛發明了蒸汽機時，人們將它與馬的動力進行比較。這個比較沒有得出結果，但現在我們仍然用「馬力」為小轎車和貨車的動力定級。

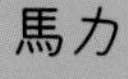

神奇的
數字
4

認識數列

數學就是尋找規律——數字、圖形以及其他任何東西的規律。在有規律的地方，我們一般都能發現些有趣的事：數列會遵循某種規則或規律——找出這種規律的過程會非常有趣。

數列的種類

數列主要有兩種類型：等差數列和等比數列。在等差數列中，每兩個相鄰數字之間的差值是一樣的，所以數列 1，2，3，4 就是等差數列（每項之間的差值都是 1）。等比數列就是指數列的相鄰各項以固定的比率增加或減少，比如 1，2，4，8，16（數字依次加倍）是一個等比數列。

5, 10, 15, 20

等差數列中，數字是以同樣的大小增長

1, 2, 4, 8, 16

等比數列中，數字是以同樣的倍數增長

接下來是甚麼？

找出數列的規律後，你就能知道接下來的數列項應該是甚麼了。19 世紀經濟學家托馬斯．馬爾薩斯發現，地球上的糧食數量隨時間是以等差數列方式增長的，但是人口卻是以等比數列增長的。所以這意味着糧食的供應跟不上人口的發展，如果一直這樣下去，總有一天我們就沒有糧食可吃了。

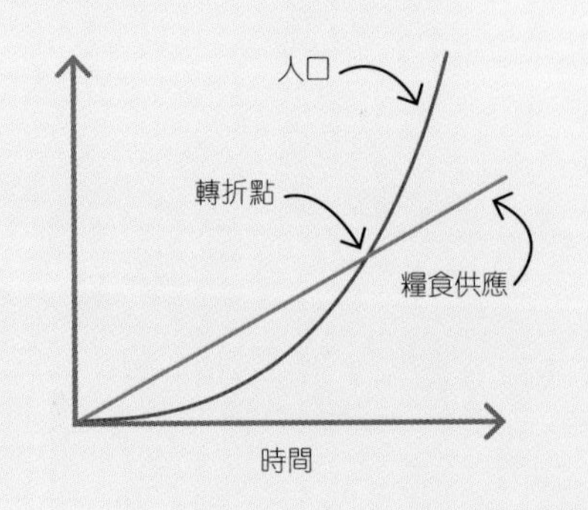

小遊戲

它們的規律是甚麼？

你能找出下面各數列的規律並算出下一項嗎？

A 1, 100, 10,000…

B 3, 7, 11, 15, 19…

C 64, 32, 16…

D 1, 4, 9, 16, 25, 36…

E 11, 9, 12, 8, 13, 7…

F 1, 2, 4, 7, 11, 16…

G 1, 3, 6, 10, 15…

H 2, 6, 12, 20, 30…

1965 年，電腦專家高登．E．摩爾預測電腦的性能每兩年就會翻倍。結果他說對了。

每個數字都是前兩
個數字的和

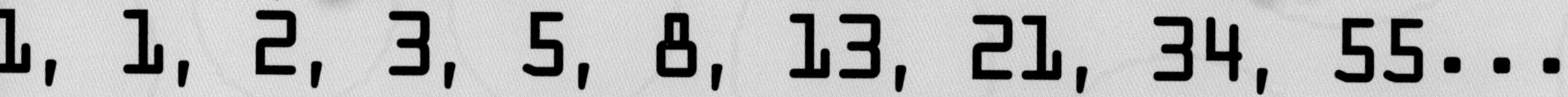

很多花的花瓣數
量都遵循斐波那
契數列

斐波那契數列

斐波那契數列是最著名的數字公式之一，它是以發現它的意大利數學家的名字命名的。數列中的每一項都是前兩項的和。自然界中到處都能看到這個數列，特別是在植物身上——比如花瓣的數量、種子的排列以及樹枝的擴張。

Phi 的標誌

黃金比例

斐波那契數列與另一個神秘數字緊密相連——大約為 1.618034——就是著名的 phi，或者說黃金比例。比例是指兩個數字之間的關係。2:1 的比例是指第一個數字是第二個數字的兩倍。如果你用斐波那契數列中任意一個數字除以它前面一個數字，得到的結果會無限接近 phi。包括萊昂納多．達．芬奇在內的一些藝術家都相信 phi 有神奇的魔力，所以會以黃金比例設計自己的畫作。

這裏有 8 條逆時
針方向的螺旋線

這裏有 13 條順時針
方向的螺旋線

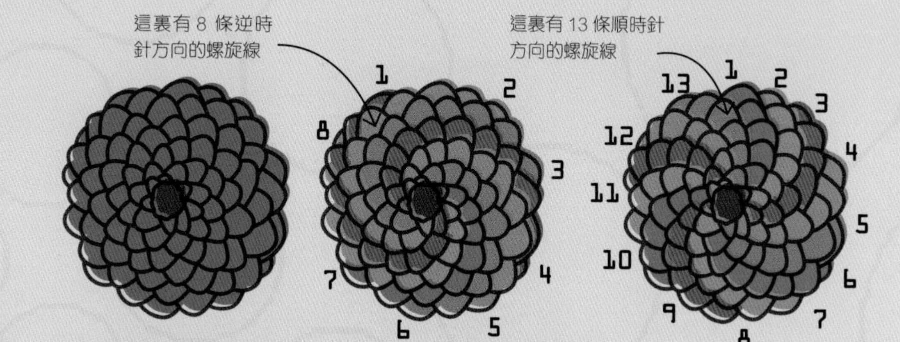

斐波那契螺旋

如果你近看小花或者花朵中間的種子，比如向日葵或者松果的圖案，你會發現兩條方向相反的螺旋線。如上圖所示，螺旋線的數量就是斐波那契數列中的數字。

小遊戲

美麗的數學

試試你在數學藝術方面的天賦。在一系列的正方形中畫出一個黃金矩形，然後再通過它畫出一條黃金螺旋線。

你需要準備：
- 一張白紙
- 鉛筆
- 直尺
- 圓規

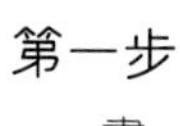

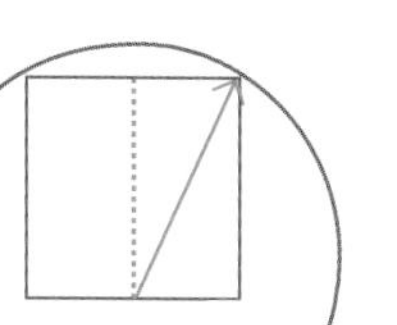

第一步

畫一個小的正方形，在底部的那條邊的中點做個記號。以這個點為圓心，以該點到正方形左上角或右上角的距離為半徑畫一段如圖所示的圓弧。

第二步

用直尺將正方形底部的那條邊向右延長，與圓弧相交，並如圖所示補充其他的線段，畫出一個長方形。

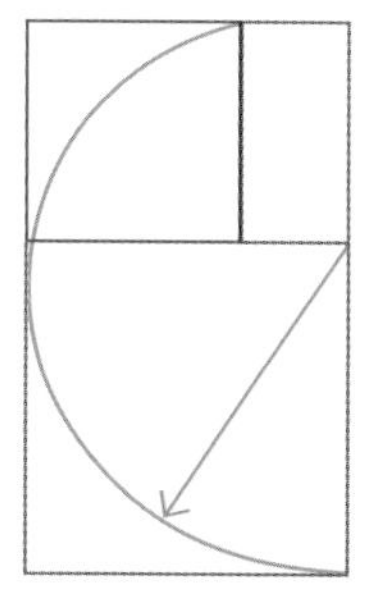

第三步

以新的長方形的那條長邊為邊，畫一個正方形，如圖所示。用圓規在正方形裏畫一段連接兩對角的圓弧。

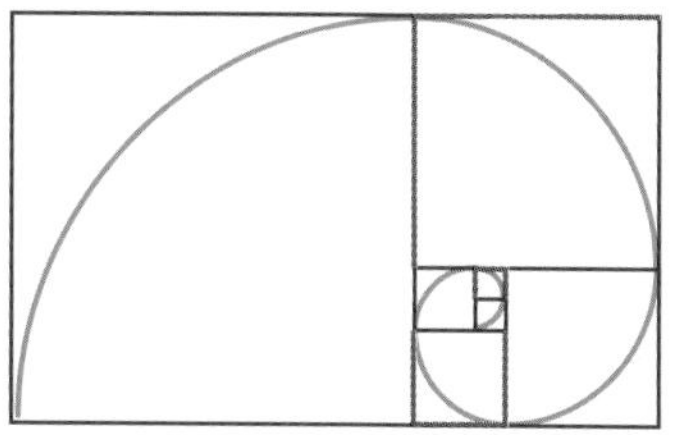

第四步

按照上面的步驟繼續畫更大的正方形和圓弧，你馬上就能畫出黃金螺旋線了！

布萊士・帕斯卡

布萊士・帕斯卡（1623-1662）是一位科學家、發明家和數學家。他也是一位虔誠的宗教信徒，這都源於他對概率（見右邊）的興趣。他的論斷是，如果上帝存在，虔誠的宗教信仰將賜予你上天堂的機會。如果上帝不存在，也無所謂你信仰甚麼了。

三角形的寶庫

帕斯卡的這個三角形非常容易構建，只需要將上面的兩個數字相加就能得到下面的數字。毫無疑問，這個三角陣很受數學家的歡迎，裏面包含了很多他們最喜歡的數字公式，包括三角形數、平方數、冪數，甚至還有斐波那契數列。

1
1 1
1 2 1
1 3 3 1
1 4 6 4 1
1 5 10 10 5 1
1 6 15 20 15 6 1
下面的數字是上面兩個數字的總和——比如：6是1加5的和。
你還可以一直往下增加很多排——你能算出這一排的數字嗎？

概率

某件事發生的可能性就叫概率。右邊演示了帕斯卡如何利用這個三角陣算出投擲5枚硬幣均為正面朝上的概率。

第一步

有6種可能的結果（0，1，2，3，4或者5個正面朝上）。所以找到三角形的第六排：1、5、10、5、1。

第二步

將6個結果與第六排中的6個數字對應：

全部背面朝上 =1

1個正面朝上 =5

2個正面朝上 =10

3個正面朝上 =10

4個正面朝上 =5

5個正面朝上 =1

第三步

將這一排的數字相加：

1+5+10+10+5+1=32

第四步

想要算出5枚硬幣都正面朝上的概率，只需將5個正面朝上代表的數字1除以總和的數字32，即概率為1/32——如果投擲這組硬幣1次，可能有1/32的機會讓所有5枚硬幣全部正面朝上。

帕斯卡三角形

數個世紀以前，印度和中國數學家發現了數字三角陣的神奇特性。17 世紀，法國數學家布萊士・帕斯卡利用三角陣學習概率。從那以後，這個三角形也叫帕斯卡三角形。

找出規律

帕斯卡三角形包含了很多神奇的數字規律。這裏只列出了其中一部分。

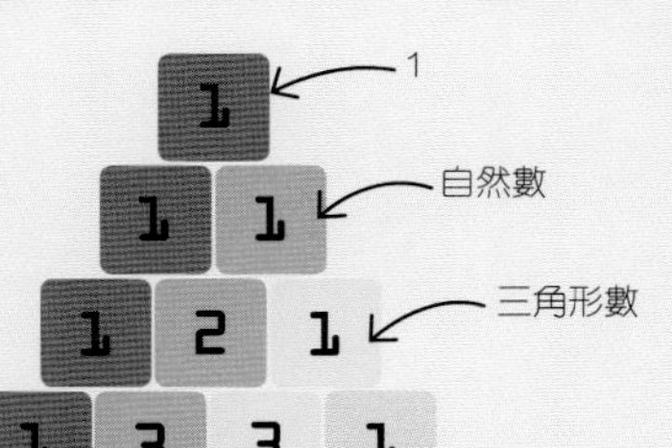

二的冪數

每排數字的和均為 2 的冪數。

1 × 2 = 2

2 × 2 = 4

2 × 4 = 8

2 × 8 = 16

2 × 16 = 32

2 × 32 = 64

斐波那契數列

將圖中一條斜線上顏色相同的數字相加，得出的數字就能組成斐波那契數列。

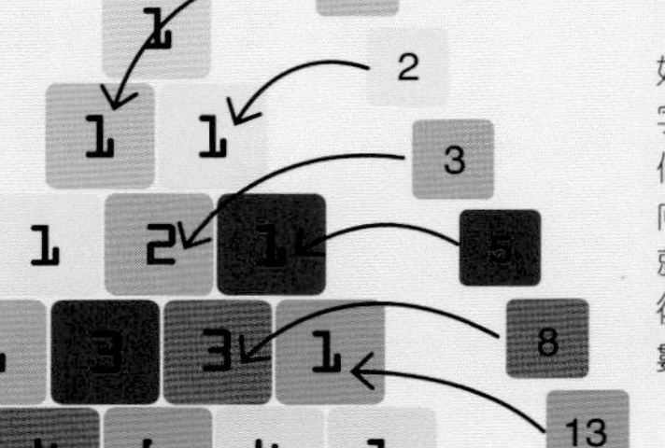
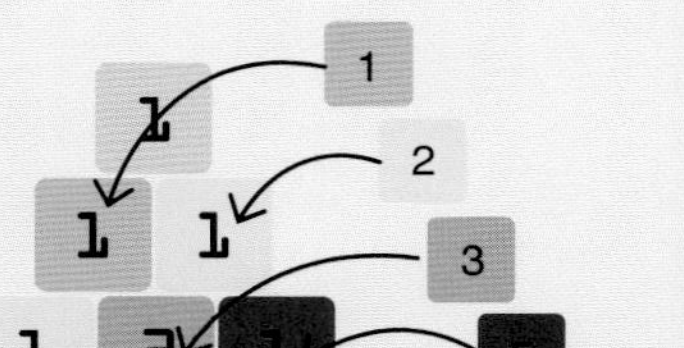

曲棍球總和

從邊緣的 1 開始，順着斜線劃過數字，可以停在任意一個數字，然後轉彎劃向反方向的數字。這就是曲棍球模式，最後這個數字就是前面數字的總和。

挑戰盲文

盲文是一種凸點系統，盲人通過觸摸它來「閱讀」。每個字母都是這組三排兩列六 6 點的排列。其中的點要麼是凸起可以摸到，要麼就是平的。下面展示了前三個字母。大點代表凸點，小點代表平點。你能算出這個 6 個點有多少種排列組合方式嗎？

A　B　C

第一步

正如上面的例子，算出凸點數量從 0 到 6，每種分別有多少種排列組合。比如，0 個凸點只有一種組合，1 個凸點有六種組合。你能在帕斯卡三角形中找到答案嗎？

第二步

將所有排列組合的數量相加，得到的結果是多少？

第三步

現在，同樣的問題，只是換成 4 個點的模式，這次我們應該去找帕斯卡三角形的哪排呢？

從某種意義上來說，計算機始於帕斯卡。他於 1645 年研製出了世界上第一台計算機——一台能做加、減運算的手搖計算機。

傳說 4,000 多年前的一天，玉皇大帝發現黃河裏有隻烏龜，它身上的殼是由 9 個方格組成的，每個方格裏寫着 1 到 9 中的一個數字。更奇怪的是，這個由 9 個方格組成的正方形，無論將橫排、豎排或者對角線上的數字加總，結果都是 15。這就是世界上最早的神奇正方形。

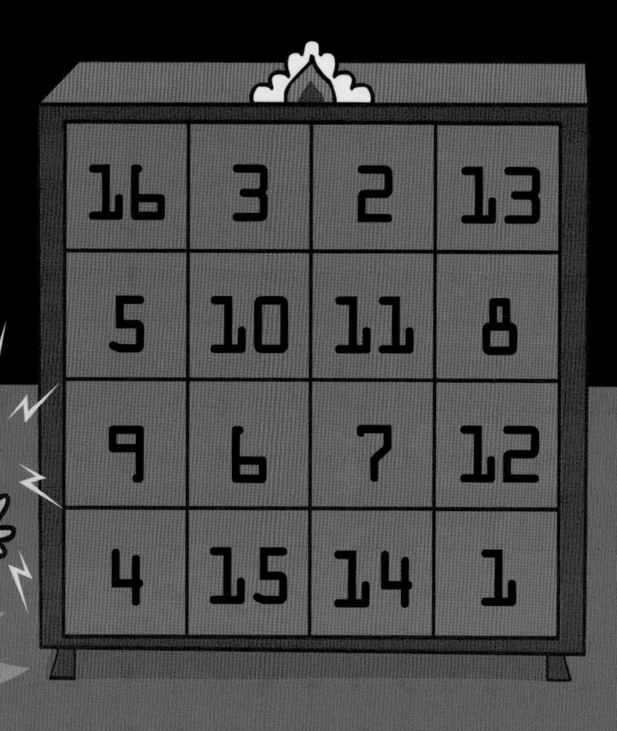

絕妙的加總

不管故事是真是假，神奇方格確實讓全世界的數學愛好者都為之着迷。左邊這個大方格中，先將每排及每列上的數字加總，然後將對角線上的數字加總，或者將四個角落的數字或者中間的四個數字加總，比較一下結果。你發現那個神奇的數字了嗎？

創造神奇

你能將這些神奇方格補充完整嗎？每個數字只能用一次。每個方格的神奇數字已經在下面給出。

	7	
9		
4		

初級（數字範圍：1~9）
神奇數字：15

7		9	
	11		16
	6		
	13	8	1

中級（數字範圍：1~16）
神奇數字：34

	18				23
	25		27	22	31
34	9	1	10		21
6		30	28		16
	14	29	8	20	
		15	35	17	13

高級（數字範圍：1~36）
神奇數字：111

可調整方格

這個神奇方格裏，每行、每列及對角線上數字總和都是 22。但是，你可以通過對白色小方格裏的數字進行簡單的加減來重新設置神奇數字。比如，將白色小方格中的數字都加 1，神奇數字就變成 23 了。

騎士的巡遊

國際象棋裏，騎士只能以“L”形移動，如下圖從 1 到 2 再到 3 的路線圖。在這個神奇方格中騎士可以任意移動，不過每個位置只能去一次。這個 8×8 的大方格裏，騎士要走一圈再回到出發的方格有 26,534,728,821,064 種可能的路線。你可以自己找一張空白的大方格練習一下，看看能否找到更多的路線。

8 11 2 1
1 2 7 12
3 4 9 6
10 5 4 3

1	48	31	50	33	16	63	18
30	51	46	3	62	19	14	35
47	2	49	32	15	34	17	64
52	29	4	45	20	61	36	13
5	44	25	56	9	40	21	60
28	53	8	41	24	57	12	37
43	6	55	26	39	10	59	22
54	27	42	7	58	23	38	11

你自己的神奇方格

利用上面講到的騎士移動規則來做一張神奇方格。將數字 1 放在最下面一行的任意一格，然後像騎士那樣以“L”形移動，在到達其他方格時，放上數字 2、3、4，依此類推。移動時遵照以下規則：

- 向上移動兩格然後向右移動一格；
- 如果要到達的方格已經被佔，可以直接在最後一次填寫的那個數字下面一格寫上要填的數字；
- 想像這個大方格是一個首尾連接在一起的圓球 —— 頂部和底部連接，兩邊也連接 —— 在一邊走到頭，可以從另一邊進入。

所以如右圖中這個例子，從 3 移動到方格最左邊底部往上第二格，放上數字 4。放好 5 之後，會繼續移動到已經被 1 佔住的那個格子，所以將 6 直接放在 5 下面那一格。繼續這種移動方式直到方格全部填滿。

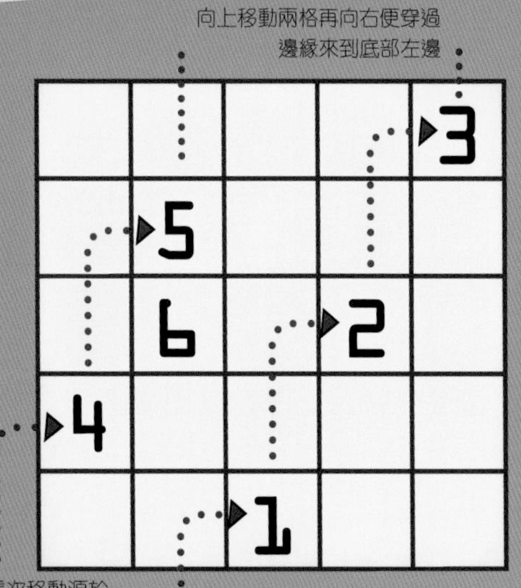

向上移動兩格再向右便穿過邊緣來到底部左邊
3
5
6
2
4
1
這次移動源於右邊頂部的 3
這次移動源於 5，但這個方格已經被佔，將 6 放在 5 下面一格

缺失的數字

類似於數獨、數圓和數謎這樣的數字遊戲對於鍛煉大腦智力非常有用。這些謎題主要考察你的邏輯思維能力和一些算術能力，你需要通過邏輯推理來找到需要的數字。

數獨

這種遊戲在一個 9×9 的大方格裏完成，這個大方格由 9 個 3×3 的次方格組成。在每個次方格、每列和每行中，數字 1~9 只能出現一次。你需要利用方格裏已經給出的數字，通過計算將空的格子一一填滿。每填一個數字，就會出現更多的解題線索。

第一眼最好看數字最多的那行、那列或者次方格。從這些數字中找到一個簡單的突破點。

完成的方格

2	5	7	4	8	1	9	6	3
1	9	3	6	2	7	5	4	8
8	4	6	5	3	9	1	7	2
3	6	1	7	5	8	2	9	4
9	8	5	1	4	2	7	3	6
7	2	4	9	6	3	8	5	1
6	3	2	8	7	5	4	1	9
4	7	9	2	1	6	3	8	5
5	1	8	3	9	4	6	2	7

列

行

次方格

初級

1		6	4	8		3		
	8			2	3			6
	2						9	7
		2	8		7			
	1			3			7	
		7	9		2	4	8	
9	4			6			1	2
7	3						5	
	6	8		7	5	9	3	

可以去找三個相同的數字，或者說是「三胞胎」。上圖中間那塊區域的下面和中間的次方格都出現過數字 7，而且分別佔了兩列，所以上面那個次方格中的數字 7 應該在最左邊那列。那列有兩格空着，但你看過這兩格所在行的數字就會發現只有一個格子可以填數字 7。

不要去憑空猜測，如果某個數字有可能填在某個空白處，先用鉛筆寫在角落，確定後再重新填好。

中級

7		5			3	1	2	
9	6		5		1			
2				4				
					9	2		
8		9				5		3
		7	3					
				6				2
			1		2		6	5
	3	2	4			9		8

數圓

數圓遊戲中，每個圓圈中的數字就是環繞它周圍四個方格數字的總和。整個大方格中數字 1~9 只能出現一次，通過計算將空白方格填滿。

怎麼做

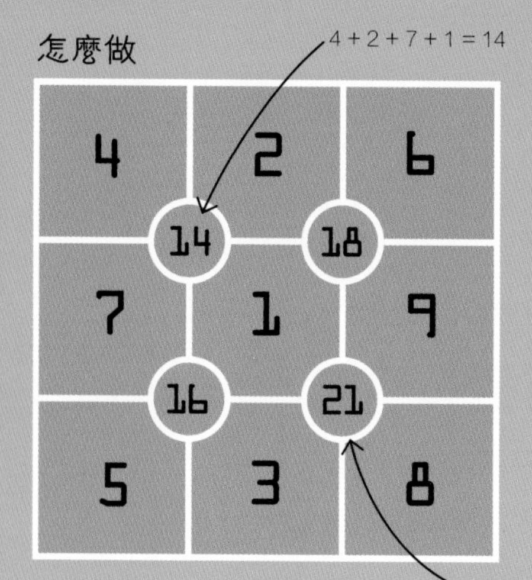

留給你的……

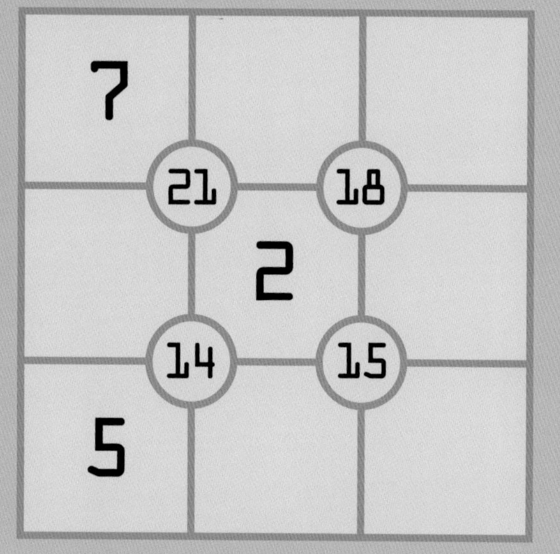

數字 1~9 你只能用一次，左圖是已經完成的方格，展示了計算的方法。現在你可以自己試着去完成上面的方格。

在留給你的謎題中，左下圓圈中的數字是 14，說明它周圍四個方格數字總和是 14。所以其中兩個空白方格的數字總和要達到 7。你還能找到其他的線索嗎？

數謎

除去數字，數謎有點像填字遊戲。在空白方格中填上數字 1~9，可以重複出現。這些數字的總和要與每列最上面那個數字以及每行最左邊那個數字相等。

怎麼算？

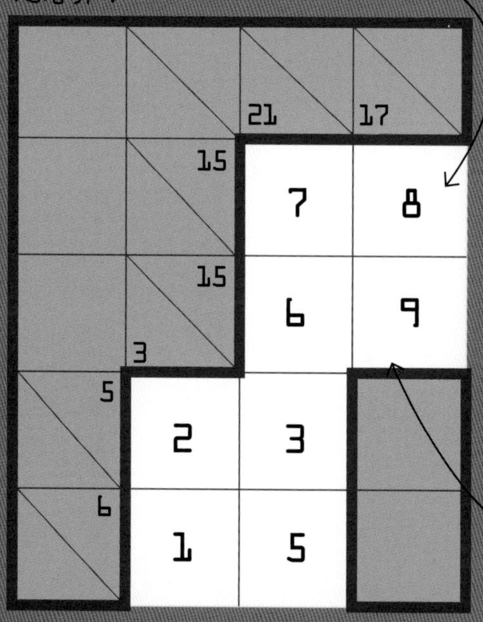

這列數字相加的和是 17
這行數字相加的和是 15

試試這個

	17	20			3	8
16				4 22		
13		5	15 12			5
	21		4		8	
	7	9 16	1			10
17		9		3		
13				12		

卡爾·高斯

高斯就出生在德國布倫瑞克的這所房子裏。他的父母非常貧窮，他上學的錢是由布倫瑞克的公爵資助的。

許多人都將高斯當作最偉大的數學家。他在數學的許多領域，包括統計學、代數學和數論都有創新突破，同時將數學運用於物理研究並有許多重大發現。高斯甚至在青少年時代就特別擅長心算。

早期生平

高斯於 1777 年出生，是家裏唯一的孩子。從很小開始，高斯就是公認的神童，在數學方面有非凡的天賦，他 3 歲時就能糾正父親賬目的錯誤。之後在上學期間，他用自己的方法將一系列數字快速心算加總，這讓老師大為吃驚。

證明不可能

高斯在數學和語言方面都很有天賦。他 19 歲時要決定選擇哪個學科。在僅用一把直尺和一個圓規就完成了一個據說是不可能完成的數學任務，即畫一個規則的 17 邊形之後，高斯選擇數學作為以後的研究方向。他的研究發現也開創了數學領域新的分支。

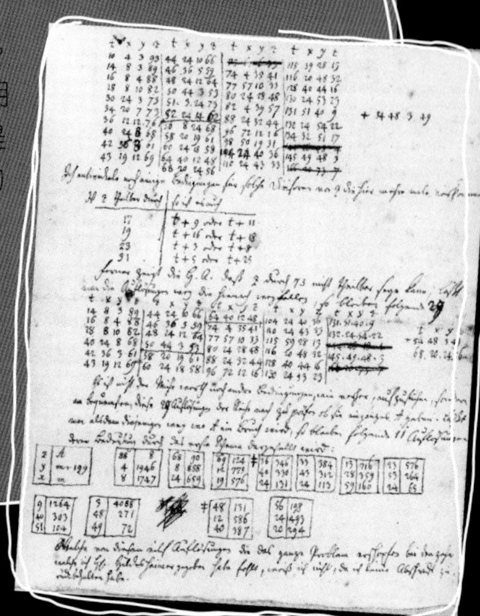

這是高斯在 1800 年 7 月寫給布倫瑞克軍事學院數學教授約翰．赫爾維希的一封信中的一頁數學筆記

高斯想要把他最重要的數學發現——正十七邊形刻在墓碑上，卻被石匠拒絕了。因為它刻上之後看着像一個普通的圓圈。

丟失的星球

1801 年，天文學家發現了矮行星穀神星，但在它運行到太陽背面之後就找不到它的運行軌道了。高斯利用數學知識找到了穀神星。根據它消失之前的一些觀察報告，高斯預測出它下次出現的地點。事後證明他的預測完全準確。

科學源於數學

高斯對於數學以及它在科學中的實踐運用非常着迷，這樣的興趣促使他在電報發明中起到了一定作用。當時電話和電台還沒有發明，電報是人們溝通的主要手段。高斯還研究地球磁力學並發明了檢測帶磁性區域的裝置。為了紀念高斯這一成就，磁力單位是以他的名字命名的。

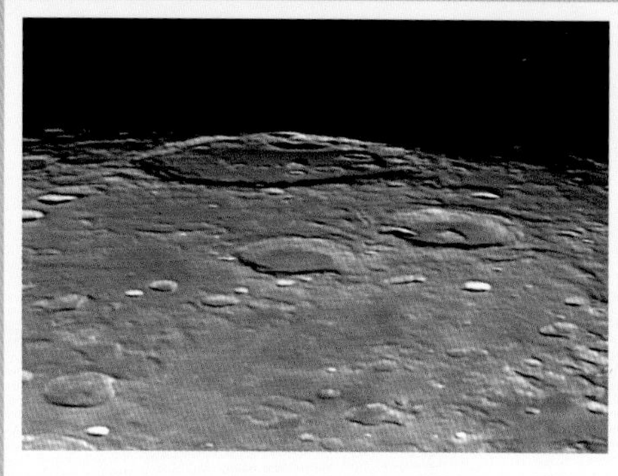

月球的許多火山口都以著名科學家的名字命名。高斯火山口就坐落在月球靠近地球這邊的東北角。

天才的遺產

高斯在數學的很多領域都頗有成就，但很可惜他並沒有將所有研究成果都發表。其中許多成果都是在他死後，由其他科學家已經證明過後才發現。1855 年高斯死後，他的大腦被保存起來用於研究，當時看起來好像在生理上有所異常。但 2000 年一項新的調查顯示高斯的大腦並沒有特別異於常人的地方，所以對於他的天才表現也無法解釋。

超酷的曲線

統計一個羣體中每個人的身高，並畫成條形圖時，它們的大小分布通常會呈現出一種特殊的曲線形態。這條曲線的兩端是最矮和最高的人，大部分人在中間。高斯是第一個發現這種曲線的人，我們叫它鐘形曲線。它可用於數據分析、設計實驗、發現錯誤以及做出預測。

這根軸標記每種身高分別有多少人

「鐘」的頂部代表這個羣體的平均身高

這張面值 10 馬克的德國紙幣上印着高斯的頭像和鐘形曲線

因為高斯的貢獻，以他的名字命名的事物有很多，這艘德國船隻便是其中之一。它於 1901 年遠航至南極探險，途中船員發現了一座死火山，並將它命名為高斯冰山。

無 限

幾乎沒有人能完全了解無限的含義（它有點像一條無盡的走廊，永遠向前延伸，沒有盡頭也沒有限制），但無限在數學領域是一個很有用的概念。許多數列和級數都趨於無限，數字也是這樣。這就好比說不可能有最大的數字，因為無論你能想到多大數字，你都能再加 1。

無限的符號——將數字 "8" 水平放置成 "∞"，一個沒有開始和結束的形狀——是英國人沃利斯在其 1655 年出版的論文《算術的無窮大》中首次提出的。

無限是真的嗎？

無限這個概念在數學上有用處並不意味着無限的事物就確實存在。比如，宇宙可能是無限大的，包含無限多的星球。時間也可能是無限流逝而不會結束的，這就叫永恆。

一切皆有可能

只要時間足夠長，任何事都有可能發生。比如滿屋的猴子敲擊鍵盤最終將打出莎士比亞的所有著作。這是因為莎士比亞的著作是有限的（會結束），但如果給予無限的時間，字母所有可能的序列都終將出現。

無限的特點

雖然無限並不是一個數字，但我們可以將其視為極限，或結束，或者一系列的數字。你可以這樣去利用它：

$$\infty + 1 = \infty$$

$$\infty + \infty = \infty$$

$$\infty \times \infty = \infty$$

$$\infty - 1,000,000,000 = \infty$$

試着在計算器上開發「無限」。用 1 除以越來越大的數字看看會發生甚麼。想想看如果能被一個無限大的數字整除，會得到甚麼結果呢？

數列中的無限

在數列中我們不會使用無限的符號來表示無限的概念，而是在結尾處點三個點。比如 1，2，3，…或者…，-2，-1，0，1，2，…，這個數列既沒有開頭，也沒有結尾。

無限的意象

荷蘭藝術家莫里茨·科內利斯·埃舍爾（1898-1972）經常將無限的概念運用在他奇異而漂亮的繪圖中。他的許多作品都以交互重複的鏡像為特徵。在這幅畫裏，所有蜥蜴之間都沒有任何空隙，這些蜥蜴不斷向中間延伸至無窮 —— 藝術對於理解無限的意義是一種很好的方式。

無窮的太空

大多數人並不太喜歡這樣一種說法：宇宙可能是無窮大的，並無限延伸，也沒有最遙遠的星球這一說。如果真是這樣的話，那一定會有無數個地球和無數個「你」。這聽上去很難想像，但這種說法在一定程度上解釋了一些科學家假定宇宙必須要有外部邊界的原因。

走向永恆

我們不可能完全理解或想像出無限。不過你可以站在兩面鏡子間感受一下。因為每面鏡子會反映另一面鏡子裏的人像，所以你會看到自己的鏡像不斷延伸至無窮多個。

格奧爾格·康托爾

格奧爾格·康托爾（1845-1918）成為第一個在數學中解決無限概念的人，他證明了數學中存在不同類型的無限概念。因為他的觀點推翻了傳統的思維方式，所以遭到了當時數學家的非議和指責。不過，他的理論現在已經被完全接受，並從根本上改變了數學這個學科。

數字的含義

世界各國的風俗文化中都會有一些所謂的「幸運」數字，有時也有不吉利的數字。為甚麼會這樣呢？原因有很多，有些是因為數字的發音或形狀讓人聯想到某些事物。

17

在意大利，17 這個數字非常不吉利。意大利的飛機上通常沒有第 17 排 —— 迷信的航空公司會將這排省去。這是因為，17 用羅馬數字可以寫成 XVII —— 將字母打亂重新排列的話，可以得到“VIXI”，這個詞的意思是：我要死了！

14

在中國，一般人也會迴避這個數字，因為它讀起來像「想死」。在美國南部，14 是非常幸運的數字。因為它是幸運數字 7 的兩倍 —— 所以你的運氣也會加倍。

4

在中國、日本和韓國，4 的發音和「死」類似。在香港，一些高樓在排序時會跳過帶 4 的樓層，像是第 4、14、24、34 和 40 層。所以一棟頂樓是第 50 層的高樓不一定真的有 50 層。

42

別在日本喊出 42 —— 日語中數字 4 和 2 和在一起的發音就像是「去死」。

7

7 在很多地方被普遍當作幸運甚至是神奇的數字。愛爾蘭民間傳說裏，第七個兒子生下的第七個兒子會有神奇的魔力。在伊朗，貓被認為有七條命，而非九條命。在猶太及基督教的信仰中，七代表完美。

5

在伊斯蘭的信仰中，5 是一個神聖的數字，信仰中有五個主要部分，稱為「伊斯蘭教五柱石」。伊斯蘭教信徒每天會祈禱五次，信仰中也有五種伊斯蘭教條，以及五位訂立條例的先知。

666

此數字在基督教文化中極之不祥，因為它在聖經上記載為代表魔鬼或妖魔的數字。在中國，數字 6 的發音聽上去很「順溜」，所以連續說 3 個 6 就像說「萬事順意」。

依賴數字

有些數字發音像是「死」，因此會讓人感覺不舒服，這一點很好理解。但其他數字我們是怎樣賦予其意義的呢？這有可能是因為很久之前，人類還不懂科學，但又想要解釋為甚麼會有壞的或好的事發生在我們身上——找不到其他更適合的解釋，人們就開始在數字中尋找一種「規律」，將各種問題比如疾病或者長時間的惡劣天氣都歸咎於它。同樣，「幸運」數字會給人一些希望，好像一切都會好起來！

888

在中國，數字 8 的發音聽起來很像「發財」的「發」，因此 8 象徵着成功和財富。所以那些帶着像“888”這樣的超級幸運數字的小汽車車牌號、房間號和電話號碼等都相當搶手。

3

在俄羅斯，如果你想給某人留下深刻印象，把每件事做三遍就可以了。在這裏，3 被當作非常幸運的數字，所以與人見面後記得行三次親吻禮，對於非常特別的朋友可以帶給他三朵花。

40

在俄羅斯，一隻死的蜘蛛能徹底抵銷 40 種罪惡。40 這個數字也常在基督教中出現，通常用來代表反思或懲罰的時期。先知摩西在西奈山上渡過了 40 天 40 夜，而耶穌也在曠野進行 40 天禁食。

60

古巴比倫人很喜歡數字 60，將它作為數學運算的基礎。我們現在已經不像他們當時那樣數數了，但還是保留了一些他們數字系統中的元素，比如一小時有 60 分鐘，一分鐘有 60 秒。

13

若某月 13 號正好是星期五，一些人就會待在家裏不出門—因為 13 對他們來說實在是一個很不吉利的數字。對於基督徒而言，13 與背叛耶穌的第十三位門徒猶大扯上關係。不過，猶太人及錫克教徒倒認為 13 是幸運數字。

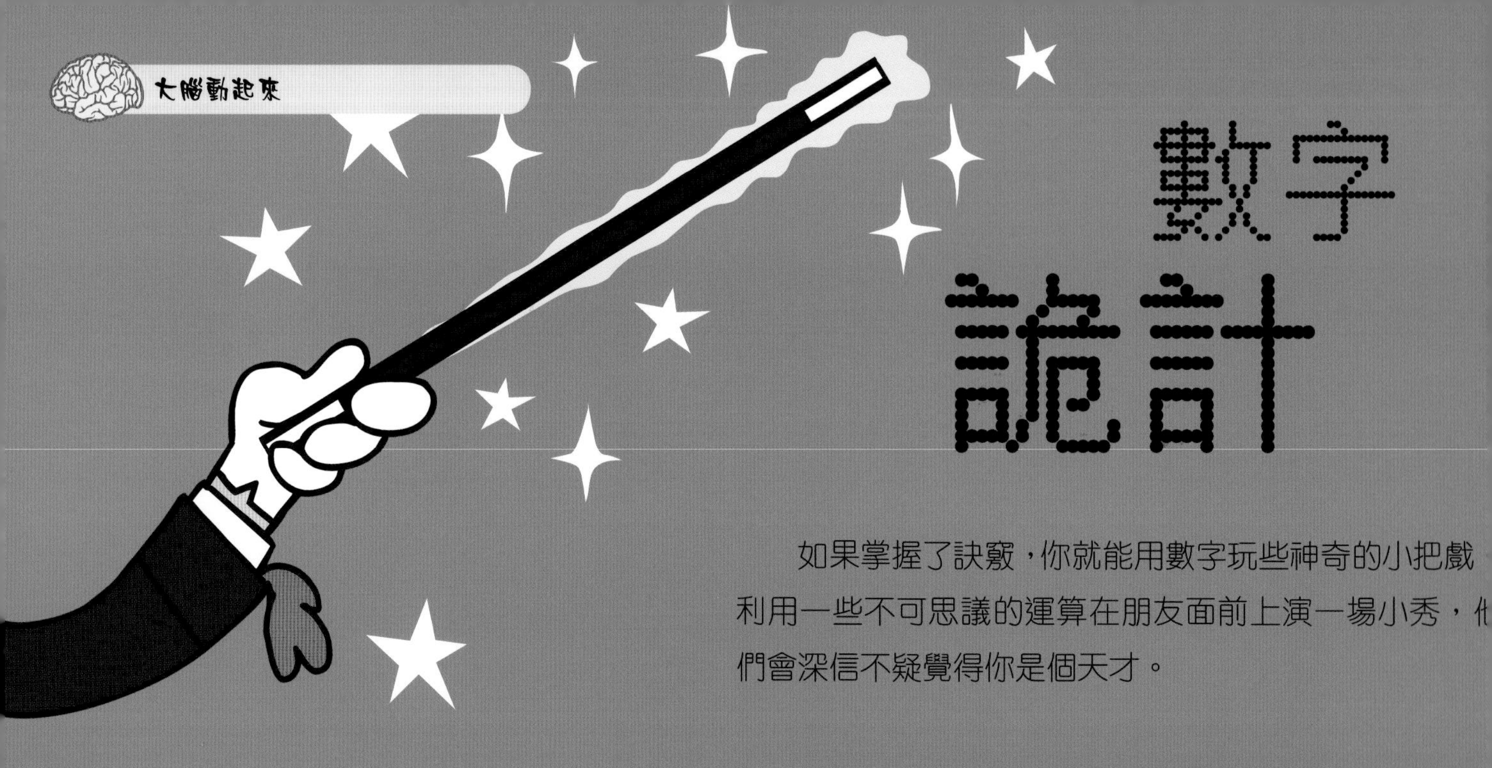

數字詭計

如果掌握了訣竅，你就能用數字玩些神奇的小把戲，利用一些不可思議的運算在朋友面前上演一場小秀，他們會深信不疑覺得你是個天才。

猜生日

利用數學運算玩個小把戲，「猜」出朋友的生日是哪一天。

第一步

遞給朋友一個計算器，讓他跟着下面的步驟做：

- 將他的出生月份加上 18
- 將答案乘以 25
- 再減去 333
- 然後再乘以 8
- 再減去 554
- 再除以 2
- 再加上出生日期
- 將答案乘以 5
- 再加 692
- 再乘以 20
- 再加上他出生年份的後兩位數

第二步

將答案減去 32940，最終得出的一串數字從左至右分別是他的出生月份、日期和年份。

口袋裏的零錢

準確猜出朋友口袋裏所有零錢的數量，以此展示你非凡的數學運算能力。

第一步

找一個口袋裏有些零錢的朋友，硬幣總數不要超過 100 元。如果太多，就讓他拿掉一些。然後讓他跟着下面的步驟做：

- 將他的年齡乘以 2
- 再加上 5
- 然後乘以 50
- 再減去 365
- 再加上口袋零錢總數
- 再加上 115 得出最後的答案

第二步

告訴你的朋友，最後答案中前兩位數是他的年齡，後兩位數是口袋零錢的總和，他肯定會非常吃驚。

卡普耶卡常數

告訴你的朋友，只需要遵照一個簡單而神奇的公式，你就能將任意四位數最多在七步內變換成 6174。

第一步

讓朋友寫下任意一個四位數，其中至少要有兩位數是不同數字—比如 1744 是可以的，5555 就不行。

第二步

將四位數中的數字按由大到小和由小到大的順序重新排列成兩個新的四位數。所以 1744 會得到 1447 和 7441 兩個四位數。用較大的數字減去較小的數字，如果結果不是 6174，就重複這個步驟。最多經過 7 次變換，就能得到數字 6174。

這個奇妙的
數字公式是由印度
數學家卡普耶卡發現的。

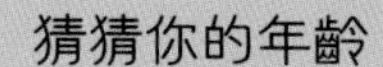

預測答案

這個小把戲能展示出你預測正確答案的能力。但實際上你只是運用了一些簡單的加總計算。

第一步

在開始之前，將當年的年份數字加倍，比如 2012×2=4024。把這個數字寫在一張紙上並將它蓋住。

第二步

讓朋友拿着這張紙並按照下面的步驟做：

- 讓他想一個著名的歷史年份，再加上他的年齡—比如 1969+13=1982。
- 然後將他出生的年份加上上面那個歷史年份到現在經歷的年數—比如 1999+43=2042。
- 將上述兩個答案相加，所以 1982+2042=4024。

第三步

讓朋友打開紙上遮蓋住的部分，盡情享受他臉上驚訝的表情吧！

猜猜你的年齡

你也可以通過一系列運算揭曉超過 9 歲小朋友的年齡。

第一步

先確認你的表演對象不介意泄露自己的年齡，然後給他一張紙讓他按照下面的步驟做：

- 將年齡的第一位數字乘以 5，再加 3
- 將結果加倍再加上年齡的第二位數字

第二步

讓他把結果寫下來給你看，只要將這個數字減去 6 就能得到他的年齡了。

謎一樣的質數

現存的所有數字中，質數是數學家的最愛。因為質數有着特殊的屬性。它是指只能被自己和 1 整除的自然數—4 不是質數，因為它能被 2 整除；但 3 就是質數，因為除了它本身和 1，它無法被任何數字整除。

尋找仍在繼續

現在對於找出質數還沒有公認的簡便方法。每找到一個質數都比上一個又困難許多。數學很少能上新聞標題，但只要有新的質數出現就是大新聞。1991 年，列支敦士登為了紀念人類發現新的質數甚至發行了一款郵票。

質數金字塔

這個數字金字塔上的數字全部都是質數。按照這種模式下一個數字應該是 333,333,331，但我們驚奇地發現它不是質數。它可以被 17 整除，得到 19,607,843。

31
331
3331
33331
333331
3333331
33333331

小遊戲

篩選出質數

要找到較大的質數只能通過計算機。但大約於公元前 300 年，希臘數學家埃拉托色尼發明了這種「篩選」系統來找出較小的質數。

- 畫一個 10×10 的方格，如右圖依次填上數字 1 到 100。先把數字 1 劃掉，它不屬於質數。
- 下一個數字是 2。只有 1 和它本身能整除它，所以它是一個質數，把它圈出來。
- 任何通過乘以 2 得到的數字都不可能是質數，所以除了 2 本身，可以把所有 2 的倍數都劃掉。
- 下一個數字是 3。只有 1 和它本身能整除它，所以它也是一個質數，把它圈出來。和上面同樣道理，任何通過乘以 3 得到的數字都不可能是質數，所以除了 3 本身，可以把所有 3 的倍數都劃掉。
- 你在劃掉所有 2 的倍數時就已經劃掉了所有 4 的倍數。再把 5 和 7 的倍數都劃掉（除了它們自己）。
- 剩下的數字就都是質數了。

1	2	3	4	5	6	7	8	9	10
11	12	13	14	15	16	17	18	19	20
21	22	23	24	25	26	27	28	29	30
31	32	33	34	35	36	37	38	39	40
41	42	43	44	45	46	47	48	49	50
51	52	53	54	55	56	57	58	59	60
61	62	63	64	65	66	67	68	69	70
71	72	73	74	75	76	77	78	79	80
81	82	83	84	85	86	87	88	89	90
91	92	93	94	95	96	97	98	99	100

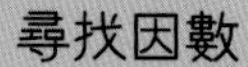

小遊戲

尋找因數

質數是構建其他數字的基礎。比如，6 是由 2 乘以 3 得到的，所以 2 和 3 稱為 6 的「質因數」。你能找到下面這些謎題中的質因數嗎？

第一步

有個數字介於 30 和 40 之間，它的質因數介於 4 和 10 之間。這個數字是多少，它的質因數又是多少呢？為了找到答案，先在 4 和 10 之間找到質數。然後將質數相乘就能找到這個數字。你會發現在 30 和 40 之間只有一個數字符合。

第二步

現在去找 40 到 60 之間，質因數介於 4 到 12 之間的數字。它的因數是多少呢？

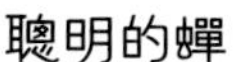

聰明的蟬

質數甚至作用於自然界，特別是對於一種叫蟬的昆蟲。有些種類的蟬還是幼蟲時會在地底下呆上 13 年或 17 年，然後會蛻變成成蟲爬出來進行交配。13 和 17 都是質數，這意味着蟬很可能是為了躲避生命週期為 2 年、3 年、4 年或 5 年的食肉動物，這樣就有更大的機會活得更久些。

小遊戲

質數立方

將數字 1 到 9 填進下面這個 3×3 的方格裏，使每排和每列的數字總和都是質數。不用每次總和都是相同的質數。方格裏已經給出 3 個數字，總共有 16 種填法。你能找出多少種呢？

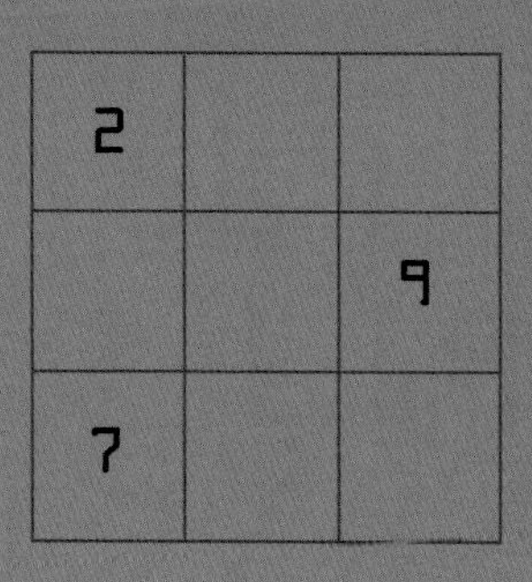

2		
		9
7		

破解質數

通過計算機將兩個較大的質數相乘相對來說較為容易。得到的結果稱為半素數。但是反過來對於一個半素數想要找出它的質因數卻很難。這幾乎是一項不可能的任務。正因為如此，質數也可用於將信息轉換成幾乎無法破譯的密碼——一種稱為加密的過程一來保護銀行數據和郵件中的個人隱私。

2009 年，一項名為互聯網梅森素數大搜索 (GIMPS) 的國際互聯網計算機項目因為找到了一個 1,200 萬位的質數而贏得了 10 萬美元的獎金。

形狀和空間

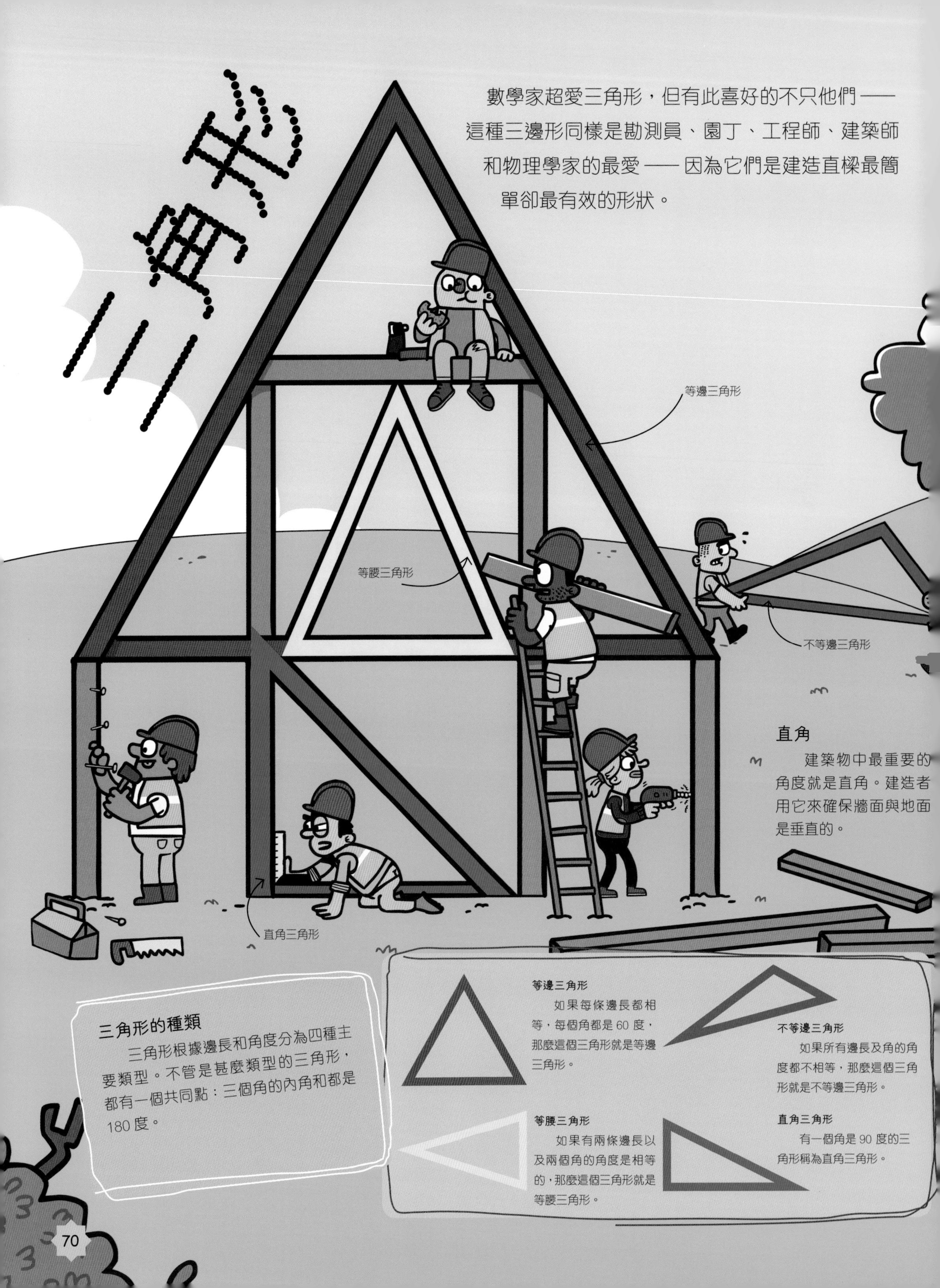

三角形

數學家超愛三角形，但有此喜好的不只他們 —— 這種三邊形同樣是勘測員、園丁、工程師、建築師和物理學家的最愛 —— 因為它們是建造直樑最簡單卻最有效的形狀。

直角

建築物中最重要的角度就是直角。建造者用它來確保牆面與地面是垂直的。

三角形的種類

三角形根據邊長和角度分為四種主要類型。不管是甚麼類型的三角形，都有一個共同點：三個角的內角和都是 180 度。

等邊三角形

如果每條邊長都相等，每個角都是 60 度，那麼這個三角形就是等邊三角形。

不等邊三角形

如果所有邊長及角的角度都不相等，那麼這個三角形就是不等邊三角形。

等腰三角形

如果有兩條邊長以及兩個角的角度是相等的，那麼這個三角形就是等腰三角形。

直角三角形

有一個角是 90 度的三角形稱為直角三角形。

在電影和電腦遊戲中廣泛應用的 3D 製圖法是利用三角形創造出來的。

超級強大！

如果用四根棍子做成一個正方形，它很容易受外力影響變形成為菱形。五邊形和六邊形也是這樣 —— 隨便推或拉一下都能讓它們變形。但是用棍子做成的三角形，如果棍子和連接處沒被破壞，就不會受到外力影響而變形。這也是三角形廣泛應用於房屋和橋樑建築的一個重要原因。

大樹與三角形

不用爬樹，你就能用直角三角形算出一棵樹的高度。在樹旁邊的地面上找到一點，使它指向樹頂的方向與地面呈 45 度角，那麼，這一點到樹的地面距離就是樹的高度。這是利用了等腰直角三角形的特點，你看明白了嗎？

希帕克斯

古希臘天文學家和數學家希帕克斯（約公元前 190—公元前 120）利用三角形算出很多物體的尺寸。他的測量不僅僅局限於地球上的物體，還用三角形計算出了太陽和月球的大小及它們與地球的距離。

小遊戲

測量面積

你可以利用三角形測量任何一個用直線圍成的圖形面積。請看下面的步驟：

第一步

將右圖分割成幾個直角三角形。每個三角形的各直角邊邊長已經標出。

第二步

一個直角三角形就是一個長方形的一半，如左圖所示。所以只要計算出每塊三角形所在的長方形的面積再減半就行了。左圖為：3×7=21,21÷2=10.5。

第三步

用同樣的方法計算其他幾個直角三角形的面積，最後加總就能得到圖形的總面積。

塑造圖形

圖形研究是古代數學最主要的研究領域之一。古埃及人在圖形研究方面已相當成功，並將其運用於金字塔的建造、土地的測量和星球的研究。不過真正掌握圖形知識並在這方面提出許多讓我們沿用至今的觀念和規則的卻是古希臘人。

四邊形

任何由四條線段圍成的圖形都稱為四邊形，各種四邊形之間有一定的聯繫。比如，正方形是長方形的一種特殊情況，長方形又是平行四邊形的一種。

正方形
所有邊長都相等且所有角都是直角。

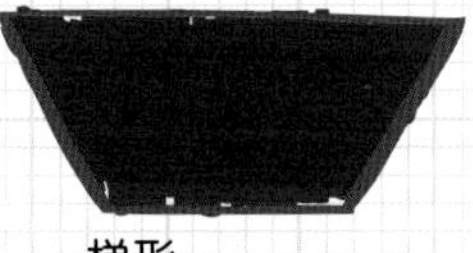

梯形
有兩條邊平行且邊長不等。

長方形
四個角都是直角，相對的兩條邊邊長相等。

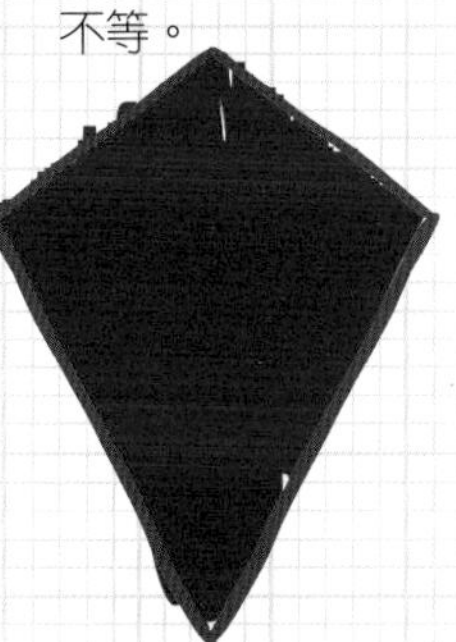

風箏形
上下兩對相鄰的邊邊長相等，但相對的兩邊長度不等。

菱形
所有邊長都相等但四個角都不是直角。

平行四邊形
相對的兩條邊邊長相等且平行。

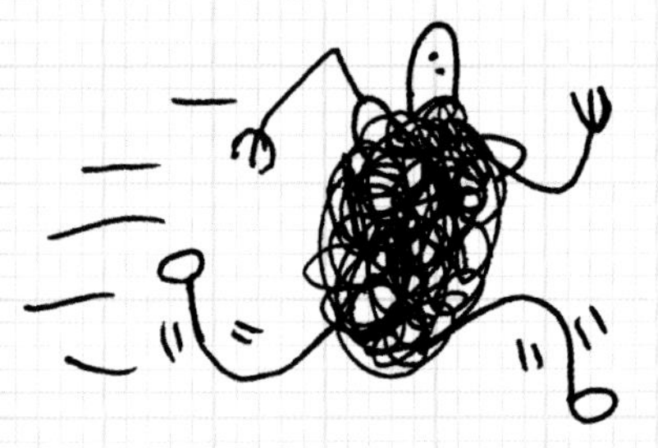

數學中研究圖形的領域稱為幾何學，來源於古希臘詞語「土地測量」。

越來越多的邊

邊、角數量為五個或更多的圖形統稱「多邊形」。

五邊形

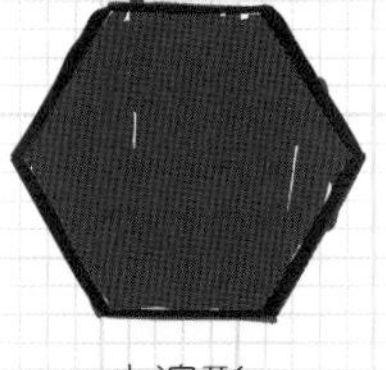

六邊形

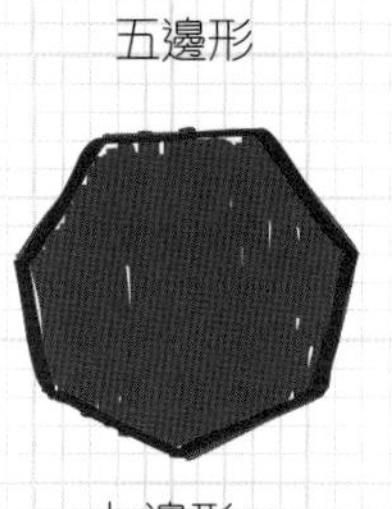

七邊形

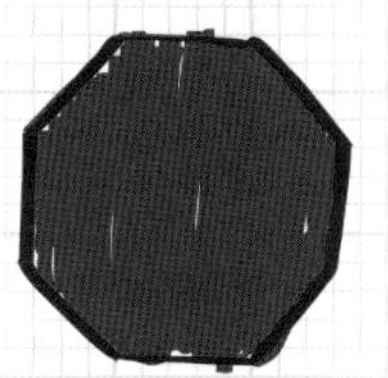

八邊形

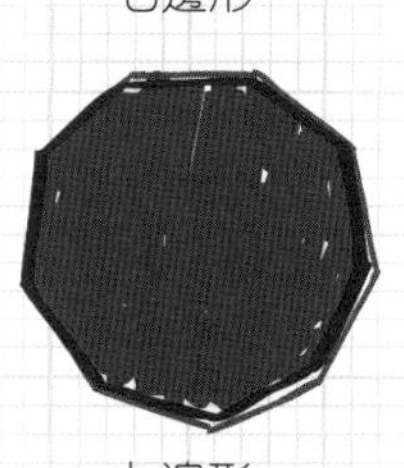

九邊形

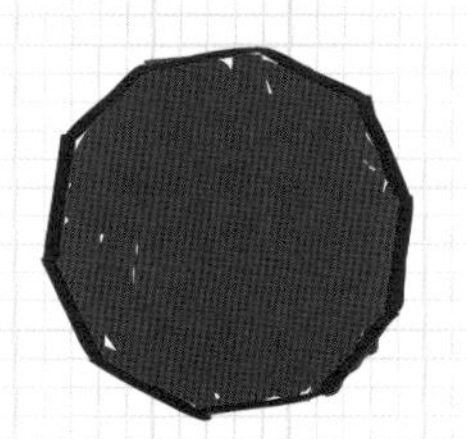

十邊形

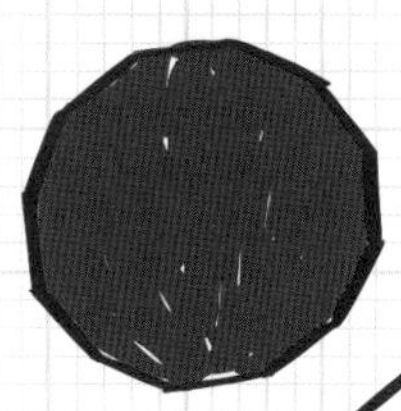

十二邊形

更多的邊

多邊形的邊數越多，會越接近於一個

可視對稱

大多數規則的圖形都有一個特點叫對稱。對稱有兩種類型—軸對稱和中心對稱。如果一個圖形從中間對折後兩邊完全重合，這就是軸對稱。如果一個圖形繞着中心點旋轉 180 度後與原來的圖形重合，這就是中心對稱。這種圖形特點在數學和科學領域都相當重要。

對稱軸
下面這個對稱圖形中間那條直線就叫對稱軸。

旋轉點
如果你把這本書順時針旋轉 180 度，你會發現下面這個圖形是中心對稱的，如果你換個方向旋轉，得到的結果是完全一樣的。

雪花是由六邊形的結晶體構成的，所以它有六隻翅膀哦！

擁有奇數軀幹的動物是很罕見的，海星就是其中一種，它擁有五個軀幹，所以它既是中心對稱，也是軸對稱，並且有五條對稱軸。

想要快速設計一個大型的捕獸羅網？仿效蜘蛛網這種完美樣式是最有效的方法。

自然界的圖形

大自然中存在很多規則圖形和各種對稱。大部分動物都有對稱軸，而大部分植物都是中心對稱。這些形狀的產生大多是由它們生長的方式決定的，而同時這些形狀對於它們的生長又起到了促進作用。

蜜蜂建造蜂巢用的是六邊形小格子，因為這種形狀消耗的蜂蠟最少。

硅藻——海洋中的微小生物，有着各種各樣的形狀，基本都是中心對稱或者軸對稱。

比目魚剛出生時是對稱的，但長大後會變得不對稱，因為它的兩隻眼睛會移動到頭的同一邊。

完美貼合

如果很多個一模一樣的圖形能像瓷磚一樣相互貼合，沒有空隙，這種形態就稱為密鋪。三角形、四邊形和六邊形都能組成密鋪，但五邊形就無法做到。一些混合圖形也能組成密鋪，比如八邊形和正方形。

對稱的你

人類看起來都是對稱的——這是我們對身體的感性認識，不過事實真是這樣嗎？

- 你兩邊的臉部特徵會有細微的差別。拿個小鏡子垂直地放在鼻子上，然後再去照另一面鏡子，你就會看到差別
- 你的身體裏面，心臟比較靠近左邊，肺比較靠近右邊
- 大多數人一隻腳比另一隻腳稍大，會習慣用其中一隻手多於另一隻手
- 如果你閉上眼睛試着走一條直線，那麼在睜開眼之後你會發現，你在走的過程中實際上會稍微偏向一邊。身體的不對稱性會讓你「跑偏」

圖形轉換

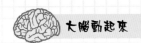

這兩頁的謎題可以鍛煉大腦對二維圖形的感知。有些圖形藏在別的圖形裏等着你去找出來，有些圖形需要你自己動手剪出來。到最後你就能變得火眼金睛了！

三角形計數

仔細看看下面這個三角形金字塔，你能看到甚麼？可以肯定你能看到很多三角形，但你知道到底有多少個嗎？這可能需要你全神貫注地去數大三角形中包含的所有三角形——事情往往不像它們當初呈現的那樣簡單！

趣味七巧板

你能用幾種小圖形組成各種各樣的其他圖形。在中國古代，人們利用這個原理發明了七巧板這個遊戲。只需要七個圖形，你就能組合出好幾百種不同的圖形。

你需要

- 一張方形的白紙
- 剪刀
- 彩色筆

第一步

像左邊這樣，在一張紙上畫一個正方形，並將它划分成單個的圖形，然後將每個圖形都剪出來並塗上不同的顏色。

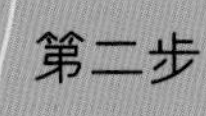

第二步

重新排列這些單個的圖形，試試擺出兔子的形狀（右圖）。

第三步

現在可以試試看右邊這些圖形怎麼擺。為了增加難度，我們沒有把每塊圖形的顏色標出來。所以盡情發揮想像力，設計你自己的圖形吧！

圖形中的圖形

這些圖形能分成相同的幾部分。下面給你開了個頭，第一個圖形已經劃分好。

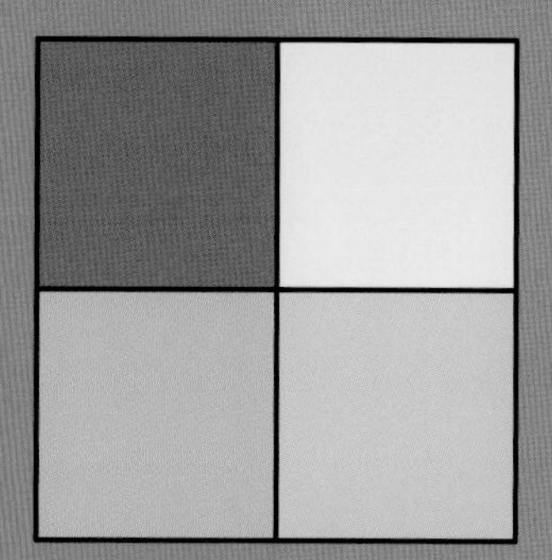

正方形的思考

圖中這個正方形已經被分成了四部分，怎樣將它劃分成五個相同的部分呢？你需要橫向思考。

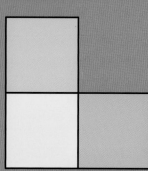

劃分這個"L"

圖中這個 L 圖形被劃分成了三個相同的部分，你能把它劃分成四個相同的部分麼？線索隱藏在圖形本身。怎樣劃分成六個相同的部分呢？

火柴謎題

這些火柴謎題能很好地鍛煉橫向思維。你可以動手試一試，如果沒有火柴，可以用牙籤代替。

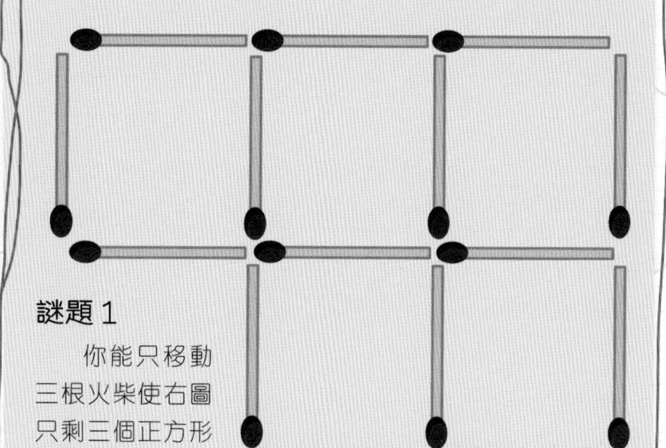

謎題 1

你能只移動三根火柴使右圖只剩三個正方形嗎？

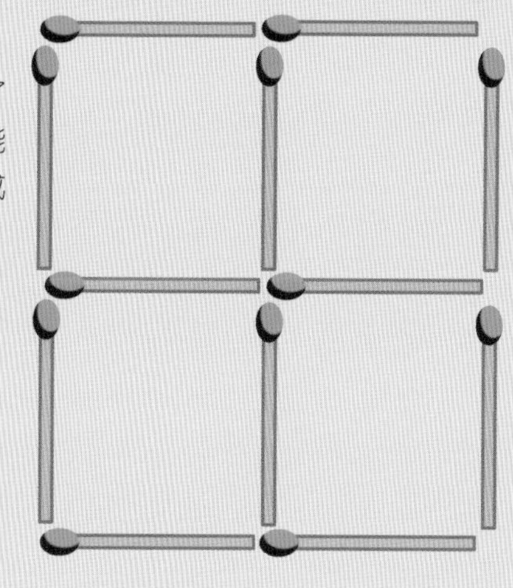

謎題 2

右圖擺出了 12 根火柴，你能只移動兩根變成七個正方形嗎？

正方形大挑戰

接下來的挑戰是不准用各種直線，而只用正方形畫出下面這個方格，正方形的數量越少越好。好消息是第一個正方形已經幫你畫好，壞消息是接下來的挑戰會越來越難。

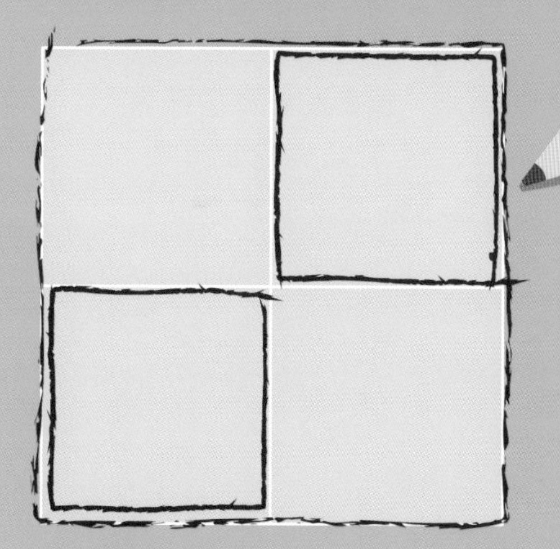

怎麼畫？

你可以用這三個紅邊的正方形畫出這個 2×2 的方格。

熱身訓練

現在試着用 4 個正方形畫出這個 3×3 的方格。

挑戰升級

畫出這個 4×4 的方格最少需要用到幾個正方形呢？

圓的世界

稍微留意下周圍你就會發現：圓形無處不在——硬幣、曲奇、鐘面、輪胎甚至你晚餐時用的盤子。圓是一個重要的圖形，它看起來很簡單，但當你試着動手去畫一個的時候，你會發現這很難。

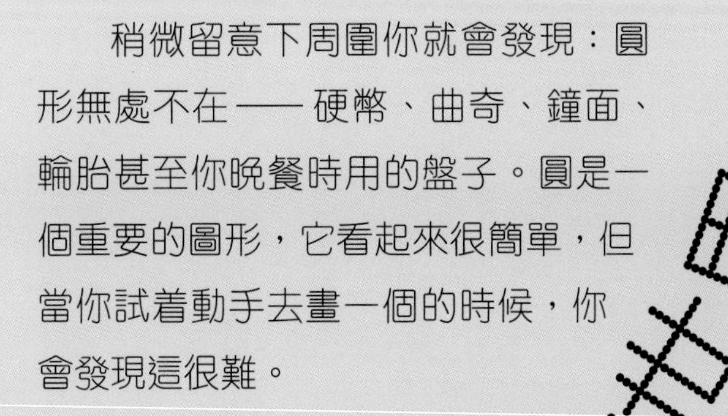

周長

直徑

半徑

甚麼是圓？

圓是指邊緣上的所有點到中心點的距離完全相同的圖形。這個距離稱為半徑。穿過中心點跨越整個圓兩端的距離稱為直徑。繞圓一周的距離稱為周長。用一支圓規就能很方便地畫出一個圓。

甚麼是圓周率？

在每個圓中——無論是輪胎還是鐘面——周長除以直徑都等於 3.141592⋯，這個特殊的數字稱為圓周率，它甚至有自己的標誌——π——由古希臘人發明。圓中的各種距離都跟圓周率有關。比如，周長是直徑的 π 倍。

3.14159265358979...

小遊戲

從圓到六邊形

用圓規畫個圓，然後試試看能不能按照下面的圖樣把它變成一個六邊形。我們已經給出了一些小提示。

先把圓規尖頭那端放在圓周上任意一點。

將圓規另一端從中心點開始旋轉直到與圓周相交，畫出一段弧線。然後將圓規尖頭一端放在與圓周相交得到的那個點上，重複上面的步驟直到下面這個圖樣出現。

用直尺把圓周上的交點連接起來就會出現一個六邊形。

2011 年，日本數學家近藤茂花了 371 天的時間算出了圓周率小數點後十萬億位。

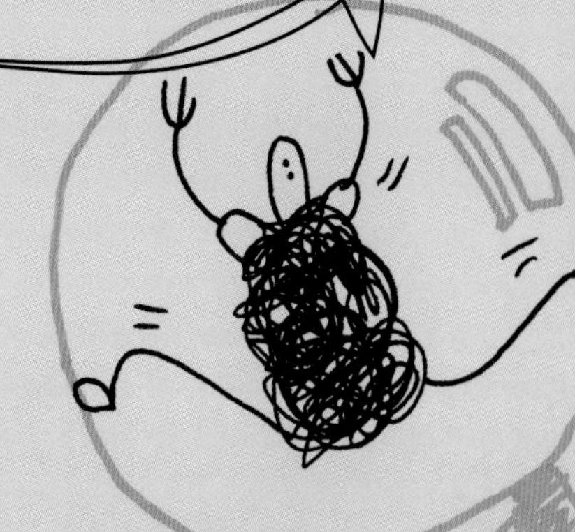

並不完全是個圓

許多人認為各種星球繞太陽運行的軌道是圓形，但其實它們是橢圓形。橢圓 —— 或者說卵形 —— 看上去像是擠壓過的圓，但它仍然是一個精確的圖形。一個圓有一個關鍵的點，稱為中心點，而一個橢圓有兩個關鍵點，稱為焦點。試着畫一個橢圓你就能看到這兩個點（詳見右圖）。

小遊戲

畫一個橢圓

下面會教你如何用兩個大頭針和一些線畫出一個橢圓。試着換不同長度的線看看會有甚麼改變。

第一步

在一塊木板上放一張紙，釘兩個大頭針，這兩個點就是橢圓的焦點。

第二步

找一個線圈，長度至少要比大頭針之間的距離長 3cm，把兩個大頭針圍起來。把鉛筆放進線圈裏，然後拉住線圈，繞着兩個焦點畫出圓弧。

小圓弧的大作用

拋物線是一種特殊類型的曲線，普遍存在於大自然當中，並廣泛應用於技術和工程方面。把一個球向斜上方拋，會有一個先上升再降落的過程，這期間的運行軌跡就大致是一個拋物線形狀。拋物線在人造結構中也很常見，比如射電望遠鏡和人造衛星的鏡面。曲線的鏡面接收信號並反射，將其聚焦於中心的天線。

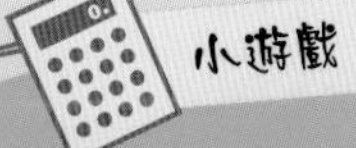

用一本書找到一個圓的中心

書在數學研究領域中發揮作用的方式絕不止一種 —— 畫一個圓，然後找本比這個圓稍微大點的書。按照下面這種有趣的方式一步步找到圓心。

第一步

將書的一角放在圓周的一點（A），此角的兩邊與圓周會相交於兩個點，做上記號（見兩個點 B）。

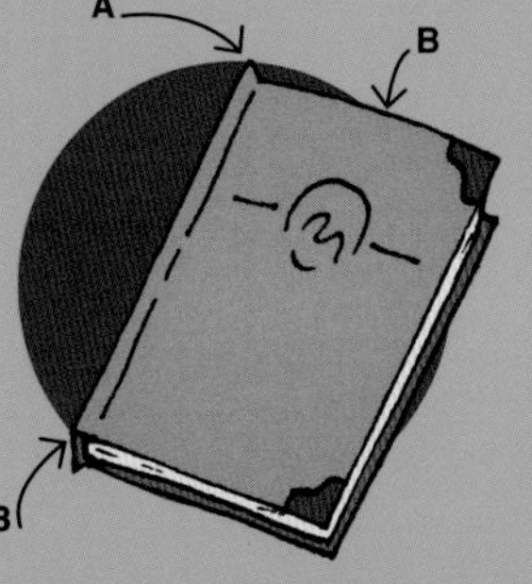

第二步

將書移開，連接這兩個點畫條直線，這就是這個圓的一條直徑。

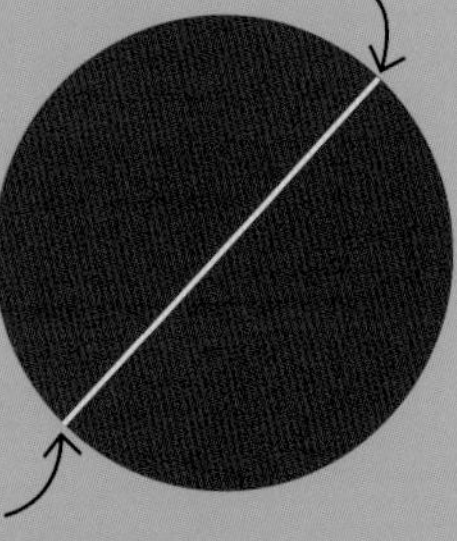

第三步

重複第一步、第二步找到第二條直徑（見兩個點 C），兩條直徑相交的那一點就是圓心。

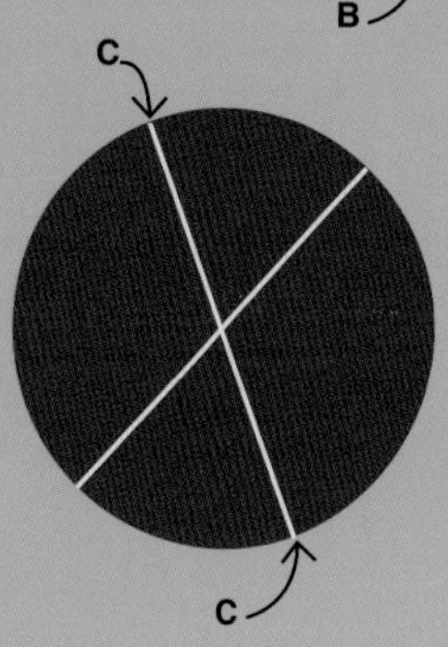

三維空間

空間的三個維度包括長度、寬度和高度。描繪三維圖形是數學的一個重要領域。每個物體之所以有自己特定的形狀都是有原因的，理解這些形狀的成因有助於我們理解自然界的各類物體，繼而幫助我們設計出人工替代品。

構建圖形

像金字塔這種常規的三維圖形可以用平面圖形來構建。另外像磚塊這樣的三維圖形也可以用來構建像房子這樣的三維圖形。理解其中蘊含的數學原理有助於製造商或建築師作出最佳的設計。

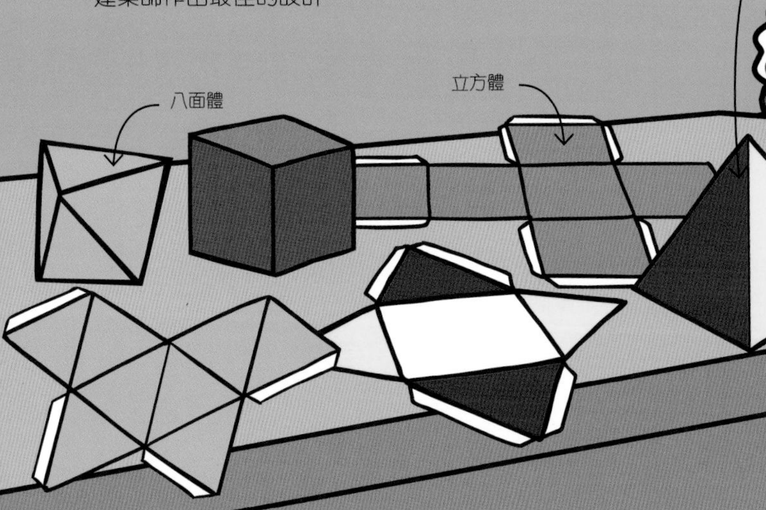

晶體結構

很多像樹和人這種自然界的事物其形狀是不規則的，但有些物體的形狀就很規則——比如晶體。晶體是由微小顆粒構成的，這些顆粒會先聚合在一起組成簡單的形狀，類似於立方體。然後顆粒會越聚越多，立方體也會越變越大。

1985 年，幾位科學家發現了一種形狀跟足球一模一樣的分子——截角二十面體。他們將其稱為巴基球，這項發現為他們贏得了諾貝爾獎。

球形世界

最簡單的三維圖形就是球體。這種形狀能用最少的表面積包含最大的空間。它們沒有角，因此非常結實。像太陽、星球和月球這樣的物體之所以是球形的，原因就在於它們形成的過程中，地心引力將它們自身的物質全部聚集在一起。

地球就是一整套球殼：
內核、外核、地幔、地殼
圓頂就是半個球面

大多數足球都是由12個五邊形和20個六邊形組成的，這種形狀也叫截角二十面體。

堆放和打包

研究三維圖形是設計工作的一個重要部分。比如打包這項工作，要盡量保持最少的重量、花費和材料（包裝通常都會被扔掉）。同時打包也需要裏面的東西保持完好無損，而且能放在平面上。比如說球形的罐子所需的金屬材料最少，但它的製作、擺放和打開都不方便，也不容易放在平面上保持靜止，所以圓柱體是比較合適的形狀。

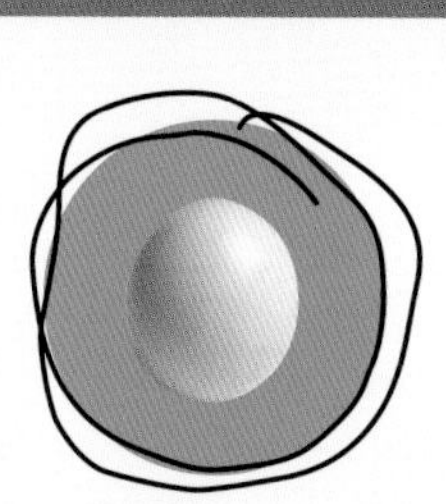

橢圓形的蛋

梨形的蛋

完美蛋形

蛋的形狀近似球形，這便於鳥類下蛋和孵蛋。比起立方體，這種形狀的蛋需要的殼更少。根據鳥巢的位置，蛋的形狀有非常多的種類。鳥巢在樹上這種安全地方的，鳥類會下很多圓的蛋。鳥巢在峭壁上的，蛋會有一個額外的尖頭，使得蛋被敲破時以圓圈式翻滾，而不會掉出懸崖邊緣。

三維視圖

試着閉上一隻眼睛，然後再換另一隻，看看兩幅圖像有哪些細微的差別。大腦會在陰影等線索的幫助下將兩幅二維圖像合成為一幅三維圖像。

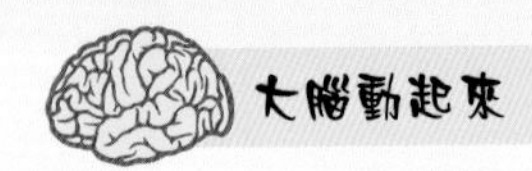

構建立方體

解決這個謎題需要在腦中想像這些碎塊，通過翻轉兩兩貼合在一起組成一個立方體。這裏有 9 個碎塊，有一塊是多餘的。你能把這些碎塊兩兩組合在一起並找出那塊多餘的嗎？

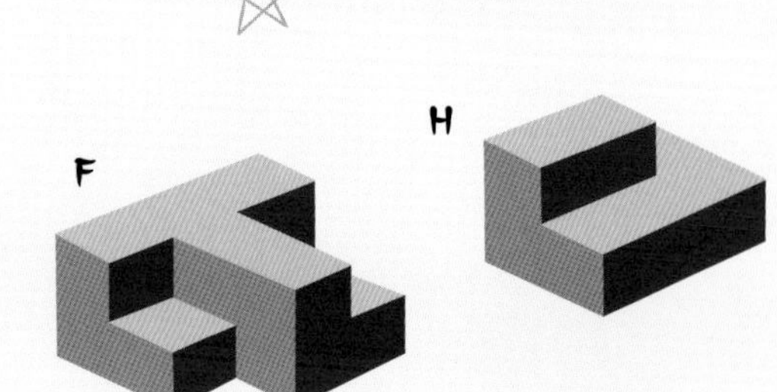

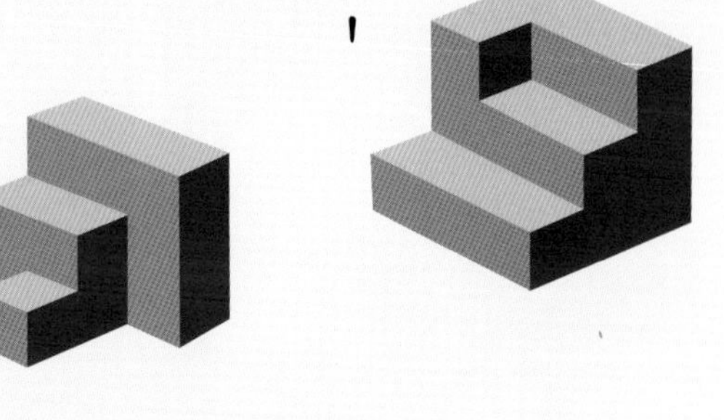

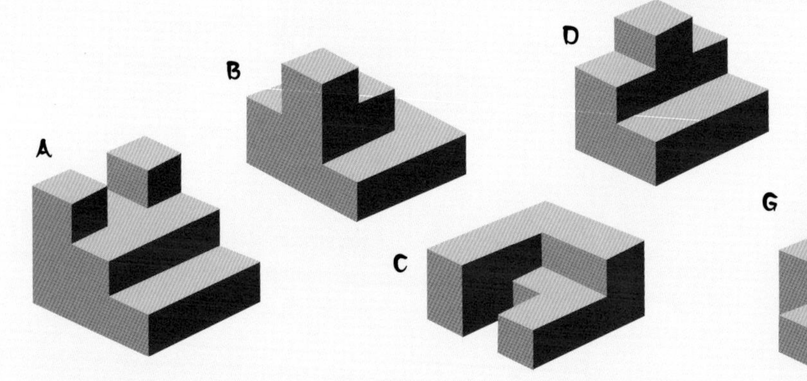

三維圖形謎題

用平面的方式去看這些立體的圖形對大腦是種很好的鍛煉。如果可以把這些圖形做成紙片拿在手上任意摺疊組合，謎題就會容易得多。

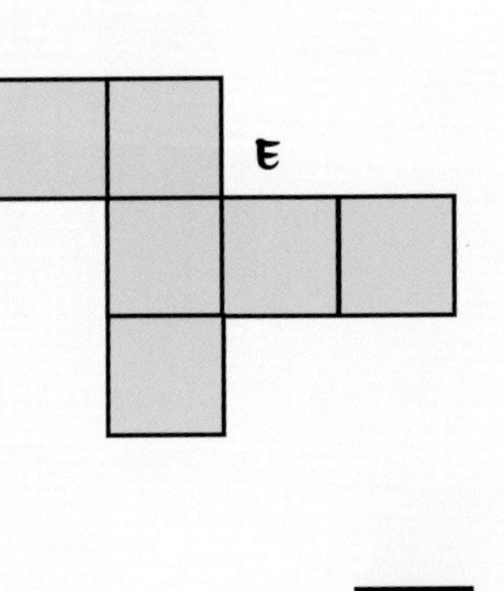

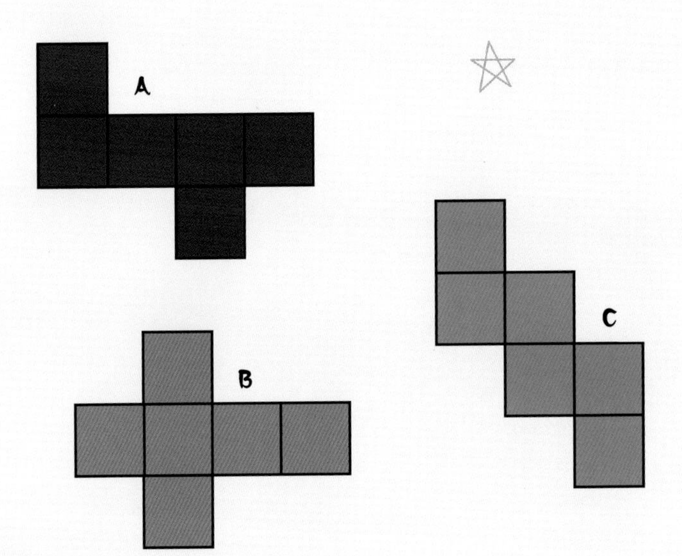

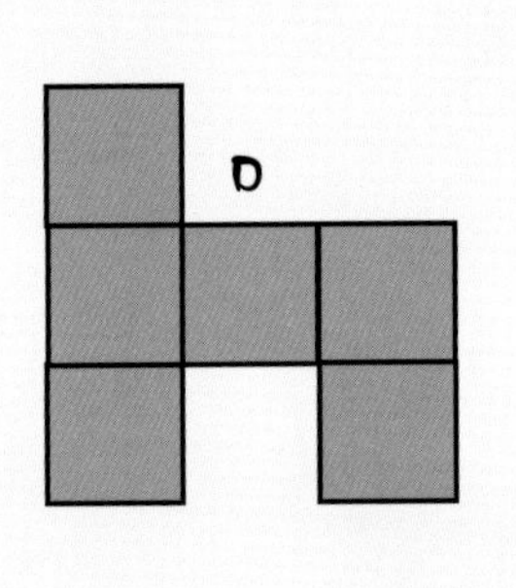

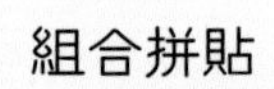

F

組合拼貼

立體圖形展開來就是上圖這樣的網格圖形。這裏有幾個立方體展開後的網格圖形，你能在頭腦中將它們還原成立體圖形嗎？另外，其中還有一個沒法摺疊組成一個立方體。你能找出哪個是錯的嗎？

A
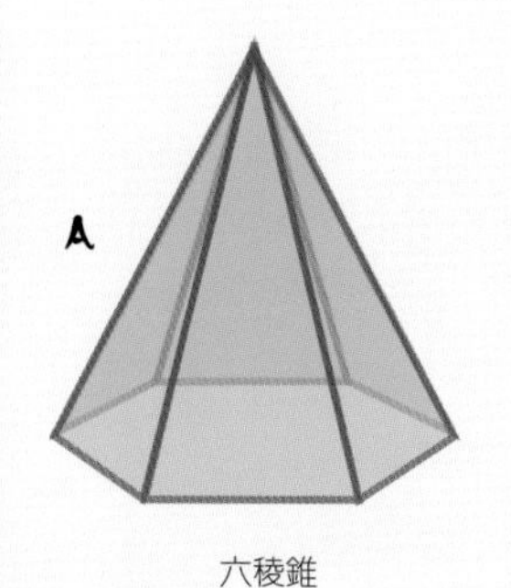
六稜錐

B
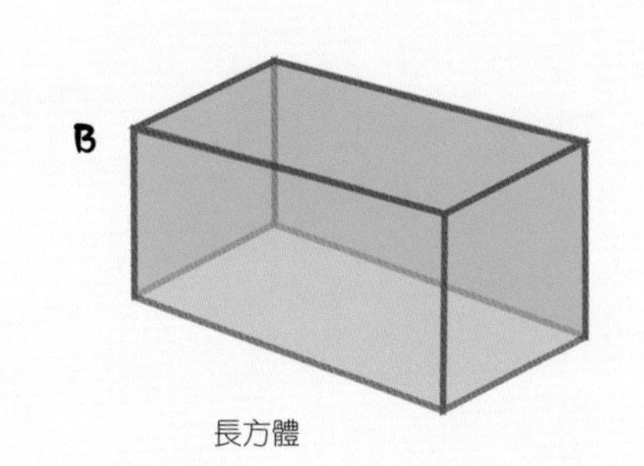
長方體

C
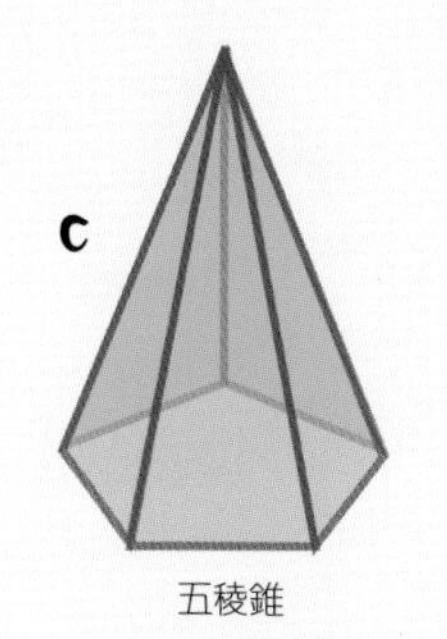
五稜錐

D
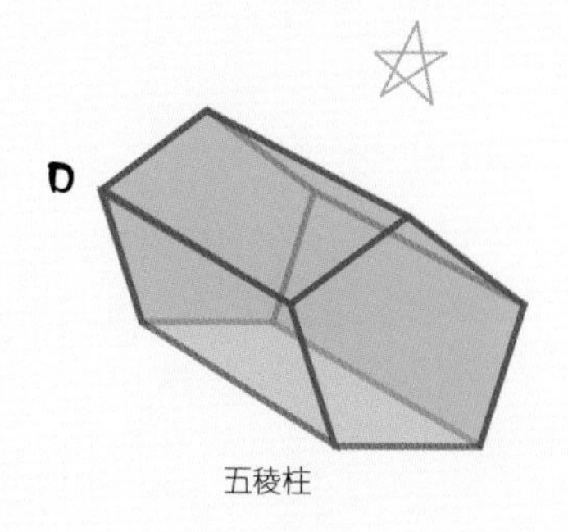
五稜柱

圖形識別

右邊每個三維立體圖形都是由不同的二維平面圖形組成的。給你的挑戰就是將這七個三維立體圖形按順序排成一列，每個三維立體圖形都要跟前面一個包含同一個二維平面圖形。舉個例子，立方體可以排在正方稜錐之後，因為它們都包含一個正方形。共同的二維平面圖形不需要尺寸一樣。

E
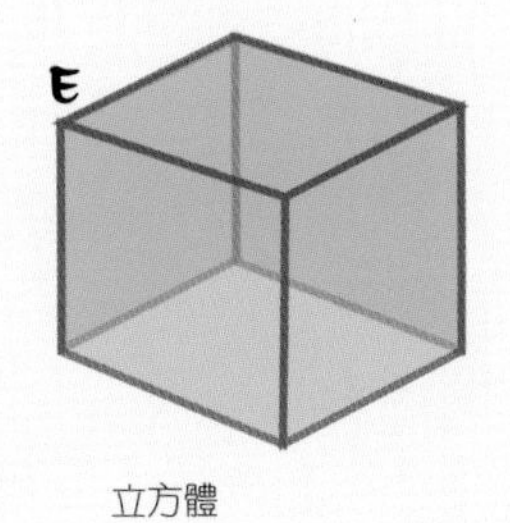
立方體

F
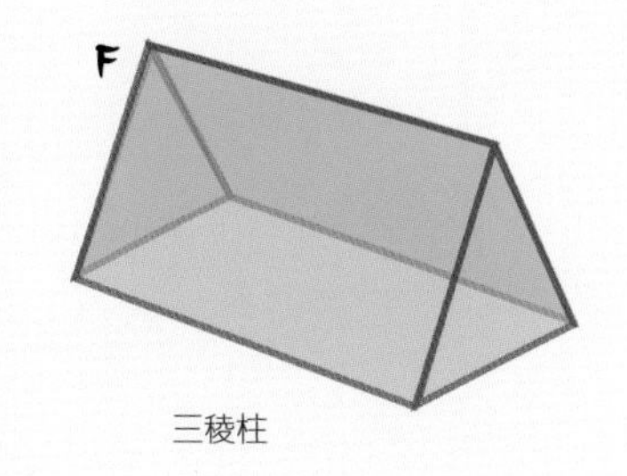
三稜柱

G
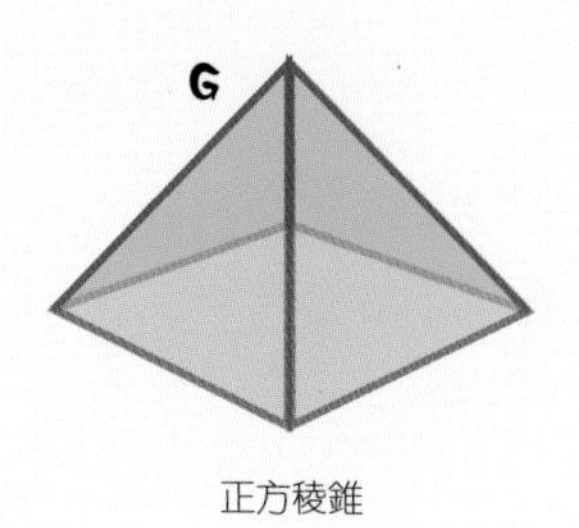
正方稜錐

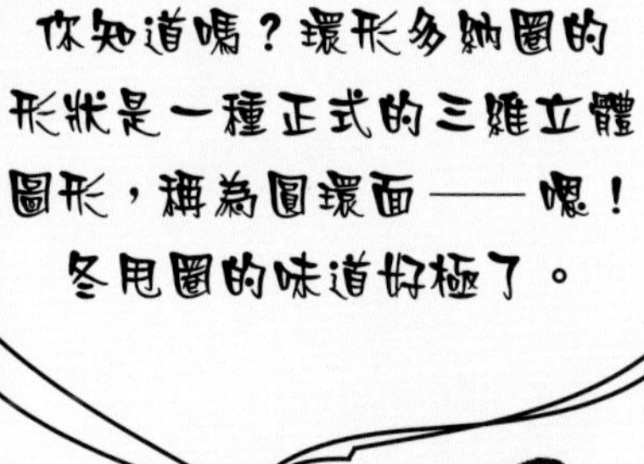

你知道嗎？環形多納圈的
形狀是一種正式的三維立體
圖形，稱為圓環面——嗯！
冬甩圈的味道好極了。

追尋蹤跡

你能一次畫出這些三維立體圖形而不重複其中任何一條邊嗎？試着一筆畫出來，只有一個圖形能做到這一點。是哪一個呢？你知道是為甚麼嗎？

A
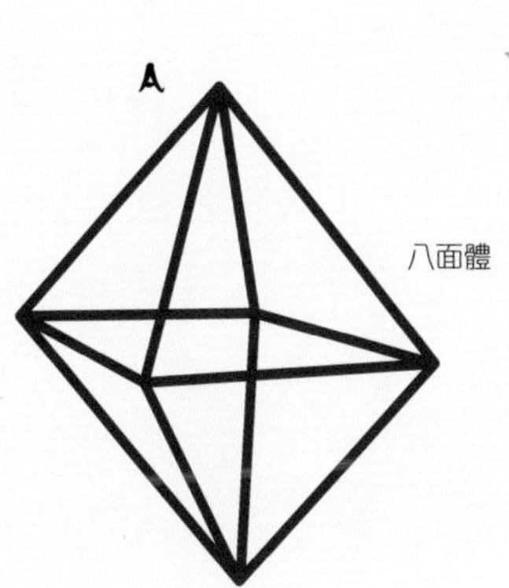
八面體

B
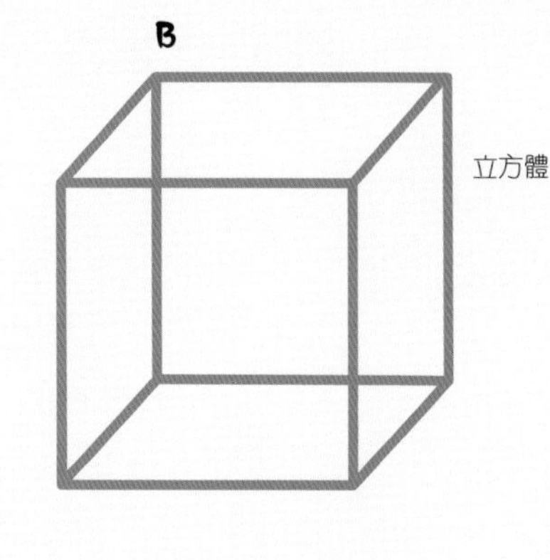
立方體

C
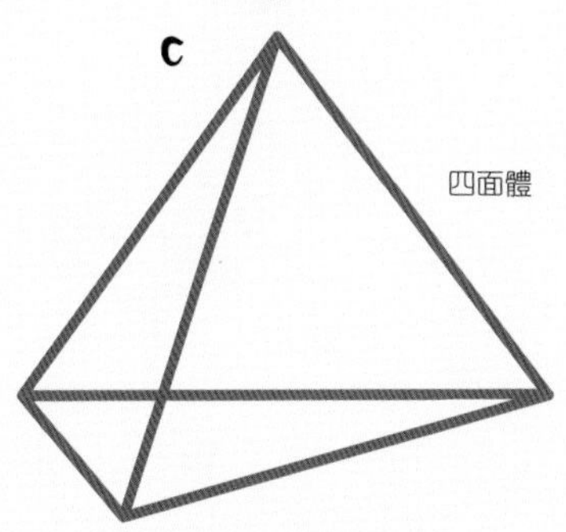
四面體

搭積木

以單個立方體為基礎，你能想像一下右邊這些較大的三維圖形中包含了多少立方體嗎？如果單個立方體代表 1 立方厘米，那這些三維圖形的體積分別是多少呢？

這個立方體代表 1 立方厘米

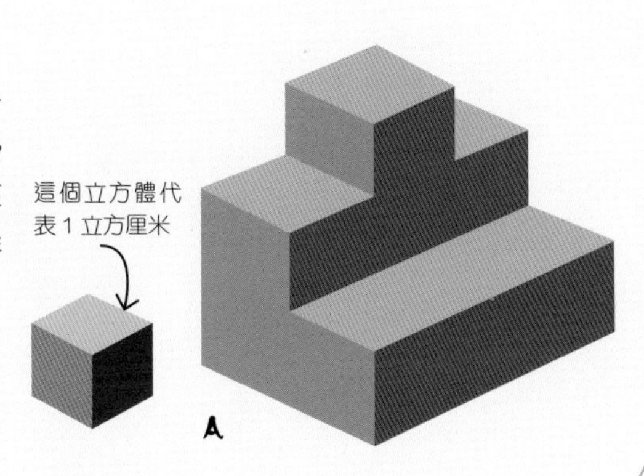
A

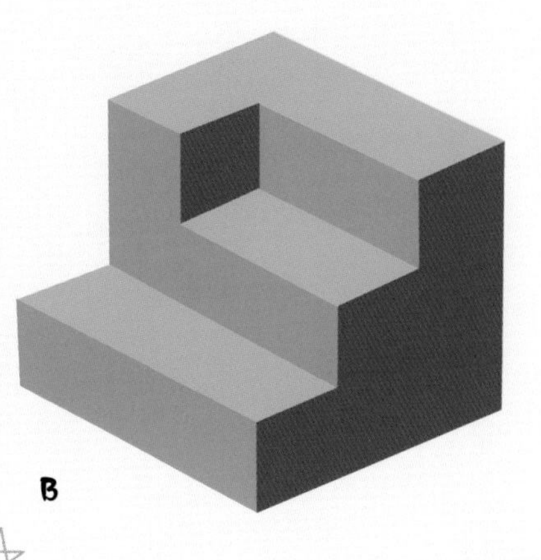
B

三維的樂趣

在這裏，我們將會探究蛋形圓頂的顯著優勢，另外通過一點點的裁剪和摺疊，將紙上的平面圖形變成三維物體。

堅硬的雞蛋

圓頂在各種建築中都是比較常見的形狀，因為它可以承受相當驚人的重量，下面的雞蛋實驗也會證明這一點。

你需要

- 四個雞蛋
- 乾淨的捲尺
- 鉛筆
- 剪刀
- 一堆較重的書

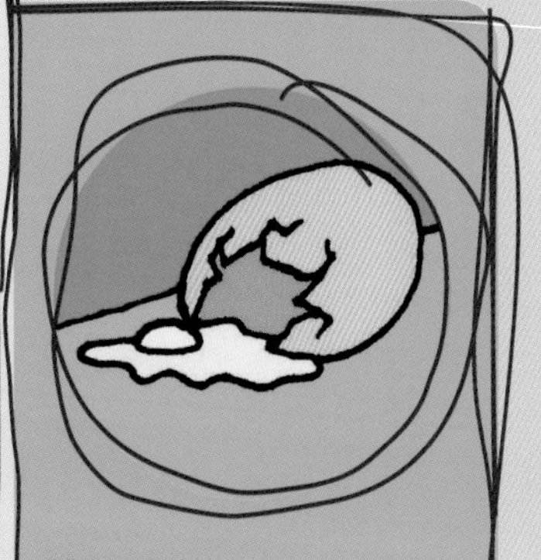

第一步

將雞蛋尖頭那一端的殼敲碎，但保證剩下蛋殼的完整性，然後將蛋清和蛋黃都倒出來。

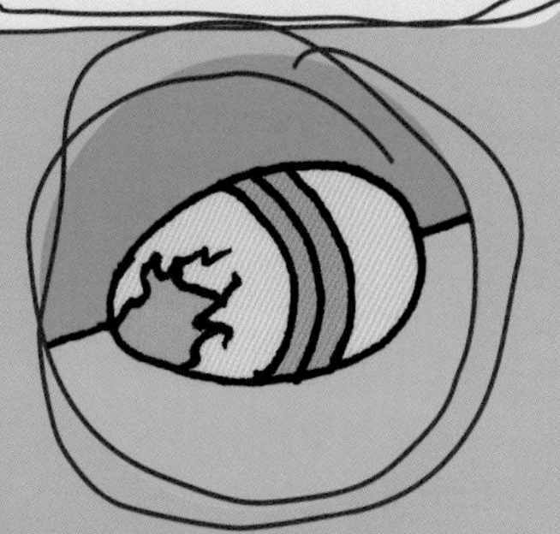

第二步

將捲尺纏繞在雞蛋中間，沿着尺子繞着雞蛋畫一個圓圈。

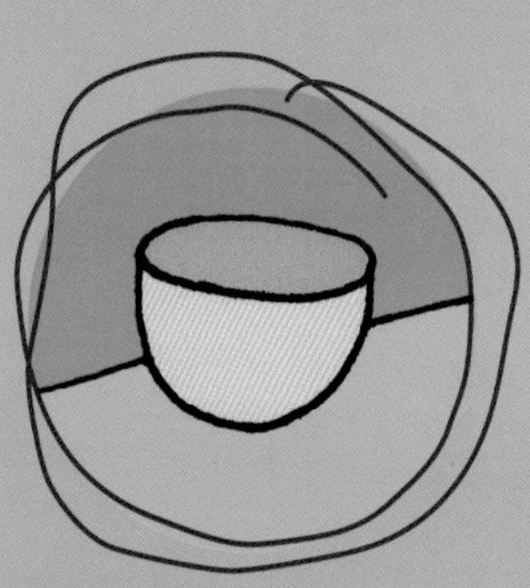

第三步

用剪刀沿着線剪齊（如圖）。另外三個雞蛋也像這樣準備好。

第四步

將四個蛋殼如上圖這樣擺成一個長方形，將書一本本地疊放在上面。在蛋殼碎掉之前，你能放多少本書呢？

四面體小把戲

只需要簡單幾步，就能用一個信封做出一個四面體。

你需要

- 信封
- 鉛筆
- 剪刀
- 乾淨的捲尺

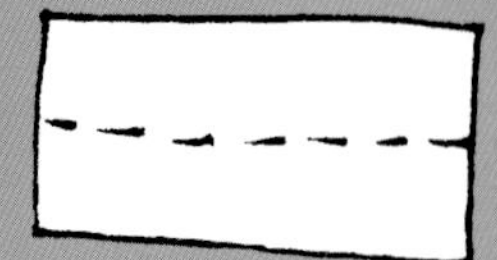

第一步

將信封封口，把兩條長邊對折，在中間弄出一條折痕。

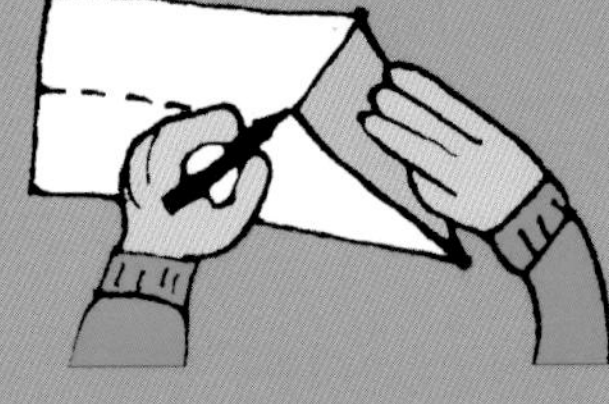

第二步

將一隻角向下折並與中間那條折痕相交，將折疊的這一點做個記號。

第三步

展開這個角，從那個記號開始在信封上畫一條垂直的線，用剪刀沿線剪開。

第四步

留下較小的那部分，如右圖那樣，將兩邊的角折向對面，留下兩道折痕。

第五步

把手伸進打開的那一邊，將紙撐開就形成了一個四面體，輕拍張開的邊緣使它可以立在一個平面上。

疊出一個立方體

下面會介紹如何把一張白紙變成一個立方體。如果從頂部的小洞灌水進去，你甚至能做成一個水彈。

你需要

- 鉛筆
- 正方形的紙

第一步

分別沿着兩條對角線將紙對折，然後展開並將紙翻過去。

第二步

分別沿着兩條水平線將紙對折，如圖所示，並標上號碼。

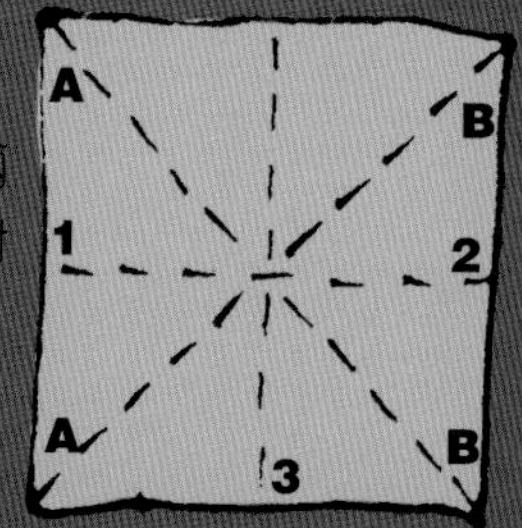

第三步

如下圖將紙摺疊，使"1"和"2"疊在"3"的上面，"A"對着"A"，"B"對着"B"，變成一個三角形。

正好摺疊成一個三角形

第四步

將三角形外邊兩個角向上摺疊與頂端重合。

確保兩個角和兩邊是水平的

第五步

將模型翻轉到另一面重複第四步。

第六步

將左右兩邊的點向中間摺疊，與中心重合。

第七步

將頂端兩個角向下摺疊，插進中間三角形的口袋裏。然後將模型翻到另一面，重複第六步和第七步。

第八步

輕輕地把各邊拉開，向底部的洞裏吹氣，便做成一個立方體。

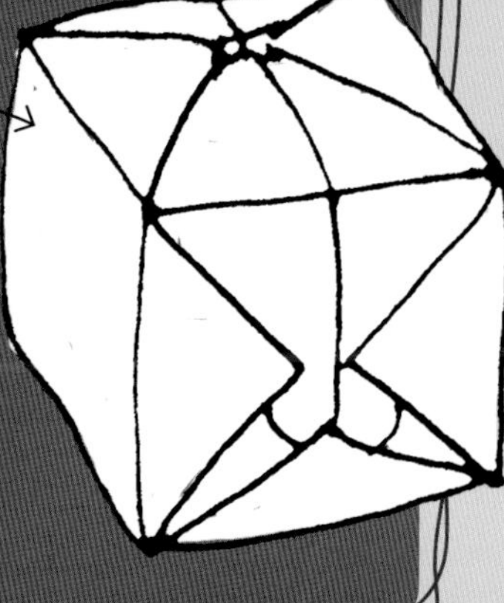

一旦開始吹氣，立方體就會馬上膨脹起來

穿過紙張

告訴你的朋友你能徒步穿過紙張，他們肯定不會相信你。下面會告訴你其中的秘訣。

你需要

- 鉛筆
- 一張 A4 紙
- 剪刀

第一步

按右圖的式樣在紙上畫出這些線條，然後用剪刀沿着這些線剪開。

第二步

小心地把紙剪開形成一個大大的洞，從洞裏穿過去，讓你的朋友大開眼界。

萊昂哈德・歐拉

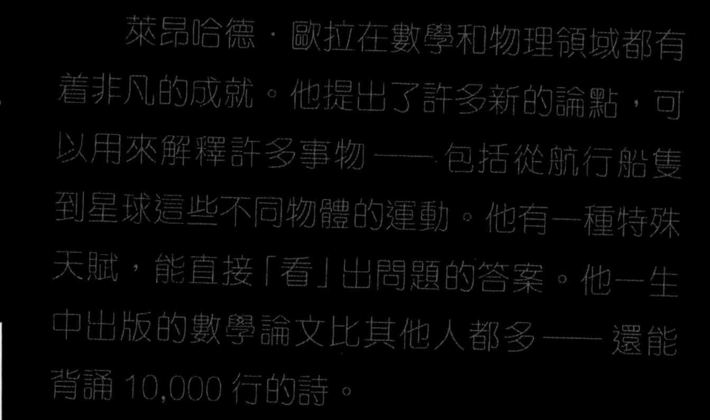

萊昂哈德・歐拉在數學和物理領域都有着非凡的成就。他提出了許多新的論點，可以用來解釋許多事物——包括從航行船隻到星球這些不同物體的運動。他有一種特殊天賦，能直接「看」出問題的答案。他一生中出版的數學論文比其他人都多——還能背誦 10,000 行的詩。

俄國人在聖彼得堡建立科學院來提升本國的教育和科學水平，以便與其他的歐洲國家抗衡。

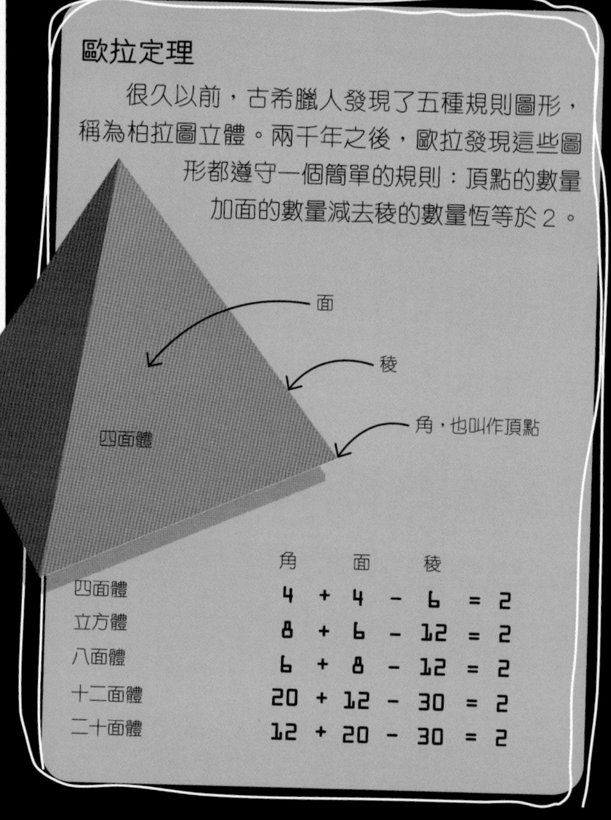

歐拉定理

很久以前，古希臘人發現了五種規則圖形，稱為柏拉圖立體。兩千年之後，歐拉發現這些圖形都遵守一個簡單的規則：頂點的數量加面的數量減去稜的數量恆等於 2。

	角		面		稜		
四面體	4	+	4	-	6	=	2
立方體	8	+	6	-	12	=	2
八面體	6	+	8	-	12	=	2
十二面體	20	+	12	-	30	=	2
二十面體	12	+	20	-	30	=	2

前往俄國

歐拉於 1707 年生於瑞士，之後迅速投身於數學學習。從巴塞爾大學畢業後，歐拉前往俄國加入了凱瑟琳皇家科學院。這個學院是在德國數學家戈特弗里德・萊布尼茨的幫助下創立的。歐拉到學院僅僅六年之後，便接替了另一位瑞士數學家丹尼爾・伯努利的職位，成為數學所所長。

METHODUS
INVENIENDI
LINEAS CURVAS
Maximi Minimive proprietate gaudentes,
SIVE
SOLUTIO
PROBLEMATIS ISOPERIMETRICI
LATISSIMO SENSU ACCEPTI.
AUCTORE
LEONHARDO EULERO,
Professore Regio, & Academiæ Imperialis Scientiarum PETROPOLITANÆ *Socio.*

LAUSANNÆ & GENEVÆ,
Apud MARCUM-MICHAELEM BOUSQUET & Socios.
MDCCXLIV.

數學和物理

《尋求曲線的方法》這類書的出版，意味着歐拉能用數學解決物理方面的問題。他一生中著有 800 多頁的論文，人們在他去世之後花了 35 年才把他的所有著作出版。歐拉甚至有自己的數字—2.71818…，稱為 “e” 或歐拉數。

據說歐拉有次因為「證明」了神的存在而惹怒了一位哲學家，歐拉說：「先生，由於 $a + b^n/n = x$，所以神存在……」

動盪不安

18 世紀 30 年代的俄國是一個充滿暴力的危險之地，歐拉的學術研究範圍也縮小到僅數學一個領域。他於 1742 年前往柏林科學院就職並嘗試涉足哲學領域——但研究最終失敗並被替換掉。在俄國的凱瑟琳科學院於 1766 年向他提供管理層職位之後，歐拉又回到俄國並在那兒度過餘生。

瑞士法郎的 10 元紙幣上印有歐拉的頭像，很多瑞士、德國和俄羅斯的郵票上也印有他的肖像。

古老的普魯士王國中的哥尼斯堡，也就是現在俄羅斯的加里寧格勒，從前的七座橋已經變成五座。

普魯士難題

1735 年，歐拉解答出所謂的「哥尼斯堡七橋難題」。城市中有條名叫普雷格爾的河流，河中間有兩塊陸地，連接有七座橋。有沒有一種路線，可以一次經過所有的橋而不用重複就回到起點？歐拉並沒有通過一次又一次的試驗去尋找答案，而是運用數學模型來解答這個問題，因此也開創了數學的一個新領域，叫作圖論。歐拉的答案是這種路線根本不存在。

哥尼斯堡

普雷格爾河

島嶼 1

島嶼 2

1 2 3 4 5 6 7

天才的一生

歐拉一生中的大部分時間都處於半失明狀態，在他再次回到聖彼得堡後沒多久就徹底失明了。不過這並沒有影響到歐拉的學術研究，因為他有着超強的心算能力。他在 60 歲時研究發現地球、太陽和月球的引力如何相互作用影響，並因此獲得大獎。歐拉於 1783 年 9 月 18 日去世，當天他還在計算熱氣球的上升定律。

簡單的迷宮

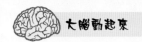

像左圖這種圍牆全部連起來的迷宮要走通很容易。你只需要把手放在屏障上，沿着圍牆往前——無所謂哪隻手，前進中不要換手就行。然後你會發現，雖然這不是最快的方法，但最後總是能到達出口。

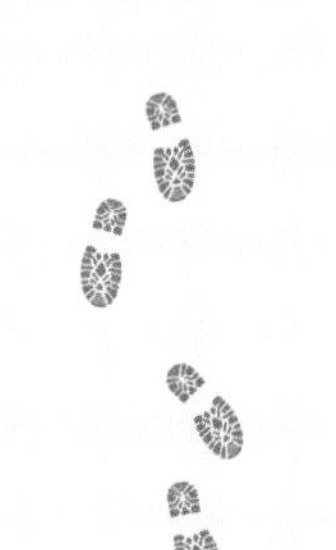

世界上最大的迷宮於 2012 年在意大利的豐塔內拉托開業，其竹籬圍牆的設計參照了羅馬馬賽克中的迷宮。

神奇的迷宮

人類幾千年來一直熱衷於探索迷宮——最著名的迷宮要屬希臘神話中克里特島上潛伏着怪獸的迷宮。而數學家更是鍾情於神秘的迷宮，這些看起來很難的問題激發了他們的求知慾，解決難題會帶給他們成就感。

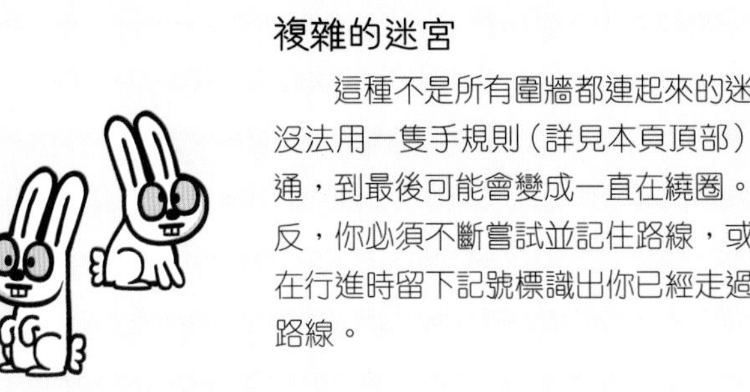

複雜的迷宮

這種不是所有圍牆都連起來的迷宮沒法用一隻手規則（詳見本頁頂部）走通，到最後可能會變成一直在繞圈。相反，你必須不斷嘗試並記住路線，或者在行進時留下記號標識出你已經走過的路線。

創造一個克里特島式迷宮

克里特島迷宮誕生於 3,200 多年前，是一種相當簡單的單向（單一路徑）迷宮。你不會走丟，但你永遠不知道繞過下一個拐彎處之後會是甚麼。下面你可以試着畫一個自己的迷宮。

第一步

畫一個十字，在其四個區域分別畫上四個點。然後從十字頂端開始如上圖所示畫一條曲線連接到左上角的點。

第二步

從右上角的點開始如上圖順着上一步的曲線方向畫條曲線連接到十字的右端。

第三步

從十字的左端開始畫條曲線，繞過右下角的點，連接到左下角的點，把之前畫的所有曲線都圍起來。

第四步

從右下角的點開始畫曲線連接到十字的底端，把所有曲線都圍起來——這樣，一個簡單的迷宮就誕生了。

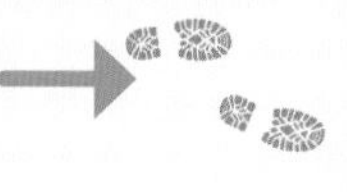

編織類迷宮

如上圖所示，在這種令人費解的迷宮中，通道相互交織在一起，類似於隧道和橋樑。雖然通道在穿過另一條通道時不會斷掉，但還是要注意迷宮裏的死胡同。

將迷宮當作網絡

我們可以將複雜的迷宮轉化成簡單的路線圖，稱之為「網絡」。首先，我們在岔路口和死胡同這些地方做上記號，然後將這些點用線連起來，這樣就能清楚地展示出走出迷宮的最短路線了。

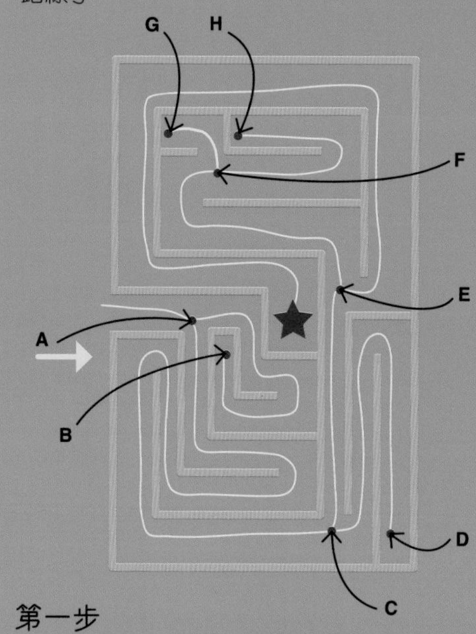

第一步

在每個岔路口和死胡同都做上記號，並如上圖所示標上不同的字母。字母的順序沒有關系。將這些點用線連起來就可以展示出所有可能的路線。

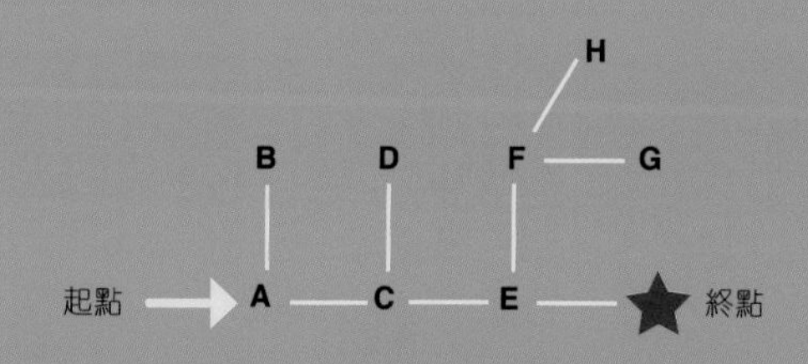

第二步

寫下這些字母並用線連起來，以最簡單的形式做一個迷宮圖。地鐵系統的運行圖通常就像上圖所展示的那樣，使工作人員能夠更加方便地規劃運行路線。

電子網絡

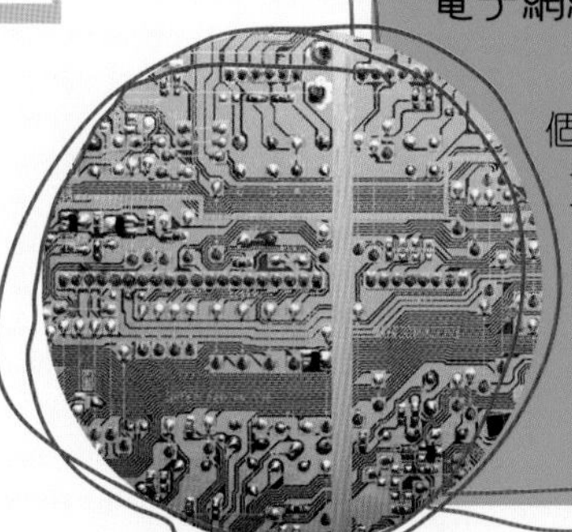

網絡圖的用處很廣泛。比如要檢查一個電子電路上的各個零件連接得是否正確，把電路做成網絡圖來操作和檢查，遠比實際考慮電路中各個零件的準確位置要容易得多。

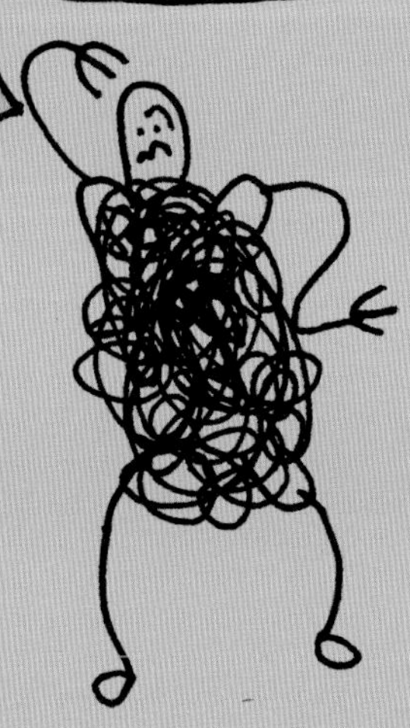

透視遊戲

看看這條通往遠處的小路，我們假設人或物體漸漸遠離時是逐漸變小的。在這張照片中，大腦會理解為比起身後的人，最遠的那個人簡直就是個巨人。但事實上，這三個形像的大小是完全相同的。

視覺假象

大腦會利用從眼睛那裏得來的視覺信息判斷自己看到了甚麼。這個過程中大腦會利用各種類型的線索，包括顏色和形狀等——一幅帶有誤導線索的圖片確實能騙過大腦。

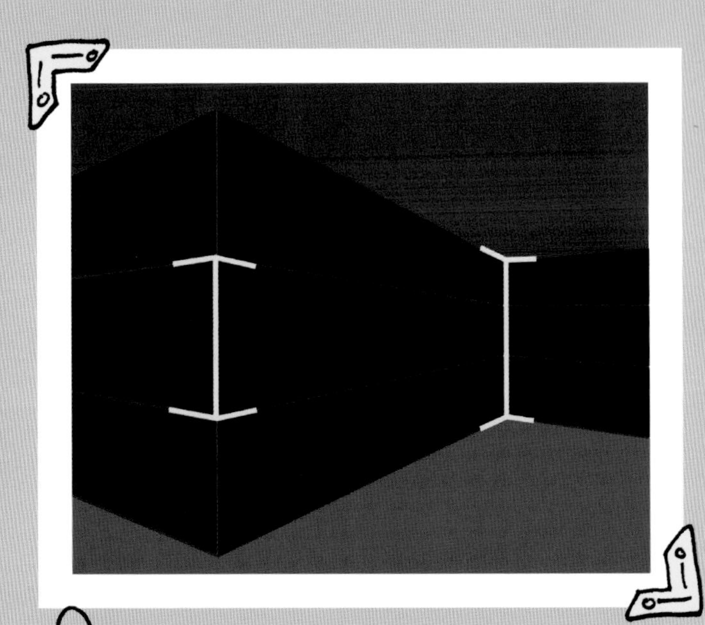

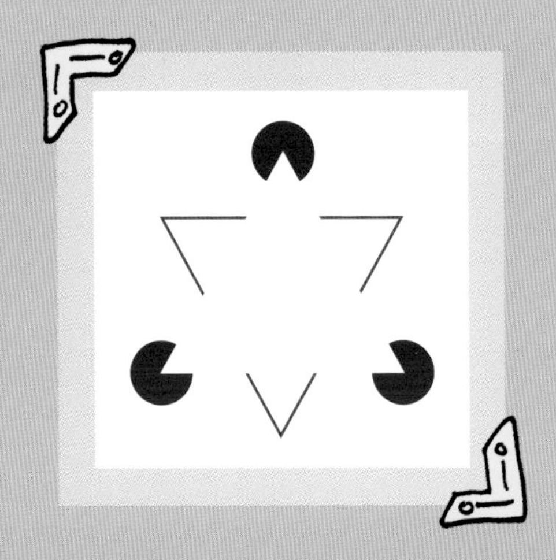

小心缺口

我們總是能看清物體的全貌嗎？你敢肯定嗎？有時候，物體的一部分會比較模糊，大腦就會猜想看到了甚麼並自動把缺失的部分補齊。比如看到上圖時，大腦會填充缺失的部分讓你「看見」一個白色的三角形，但事實上它根本不存在。

大一點還是小一點？

你的大腦會去努力識別圖形。如上圖，大腦會認為你是從某個角度在看一堵圍牆的兩個拐角，而右邊黃色那條線肯定比左邊那條長——因為它跨越了整面牆的高度。但你可以實際測量一下它們的長度。

年輕或年老？

你的大腦會努力不斷識別出圖像裏顯示的內容。在這張圖片中既可以看到一位年老的女士，也可以看到一個年輕的姑娘，到底能看成甚麼則取決於你看的地方：如果你把焦點放在中間，你很有可能看到年老女士的眼睛，但如果看向左邊，眼睛就變成了年輕姑娘的耳朵。

創造波浪

信不信由你，下面圖形的所有線條都是直的。你的大腦之所以被騙過相信這些都是曲線，完全是因為那些較大方格角落裏黑白小方格所在的位置。

顏色的迷惑

我們的大腦會根據顏色在不同照明條件下呈現出的效果做出自己的判斷，因為它「以為」顏色已經填充。這張圖裏，大腦看到的 B 方格會讓你覺得陰影裏這個方格的灰色會淡一些。事實上，B 方格和 A 方格的顏色是一樣的！

不可能圖形

我們看一個物體時，每隻眼睛會看到一幅平面的圖像，然後大腦將兩幅圖像合併形成一幅立體圖像。但有時，看到的平面圖像會騙過大腦使它得出錯誤的結論所以我們就「看到」了不可能的物體。

國際循環再造標誌，是一個無限循環的圖，由莫比烏斯帶組成。

畸形的柵欄

先蓋住一個木樁，然後再蓋住另一個，這樣呈現出的圖像都是合理的。但看整個圖像的時候，你就會發現，這是個不可能的圖形。這種圖片是由成對的圖像結合而成，每個圖像都是基於不同角度形成的。

潘洛斯三角形

潘洛斯三角形是以物理學家羅傑．潘洛斯的名字命名的，他將這個三角形廣泛推廣。如果蓋住這個三角形的任意一邊，它看着都是一個正常的圖形，但如果三條邊合在一起看就完全說不通。

瘋狂的箱子

有時，只需要通過一個簡單的改變就能把不可能的物體變成可能。右圖中，只要把老人右手邊那根垂直的柱子重新畫一下，把它放在前面那根水平柱子的後面，整個箱子就完全沒有問題了。

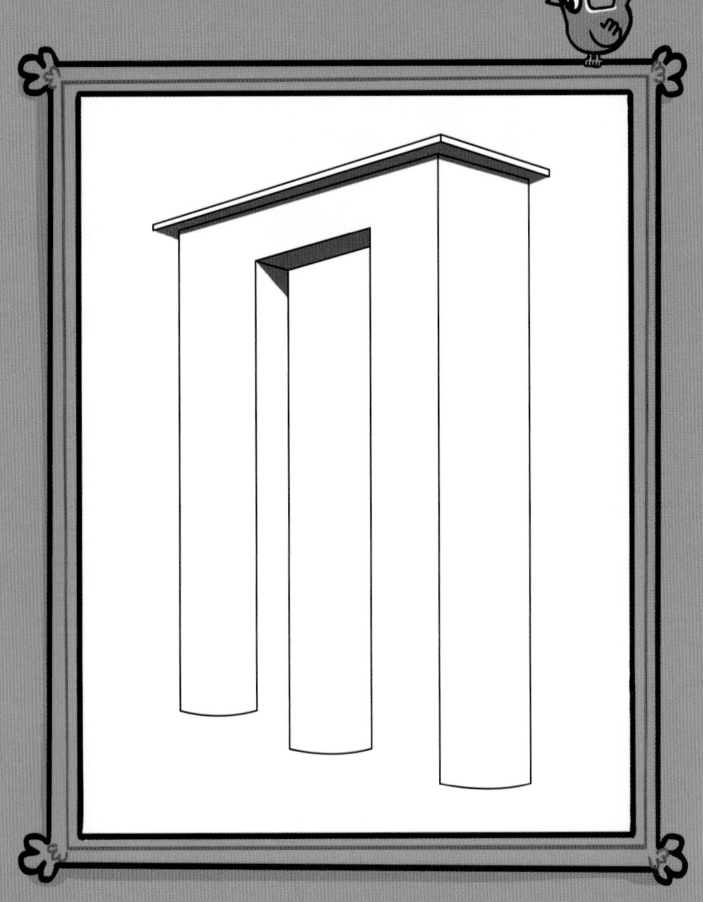

數學家不僅僅研究真實的圖形和空間，他們也會去探索想像的世界，而這個世界裏空間和幾何圖形都大有不同。

不可能？

雖然這個圖形看上去跟這頁其他圖形一樣奇怪，但它確實是一個真實存在的圖形——而且也並不需要從甚麼特殊的角度去看。你能想到它是怎麼做到的嗎？這一頁某個地方會有提示哦。

空想的叉子

先看叉子的三個腳，然後再看它們頂端的連接，你就會覺得這完全講不通。但蓋上頂部或底部，看上去都是正常的。之所以會有錯覺是因為沒有背景。但如果試着把背景塗上顏色，你會更加迷惑。

奇怪的帶子

莫比烏斯帶於 1858 年被發現，是一種不尋常的圖形。首先，它只有一個面、一條邊。不相信？自己做一個這樣的帶子，然後用螢光筆沿着外邊畫線，看看會發生甚麼。

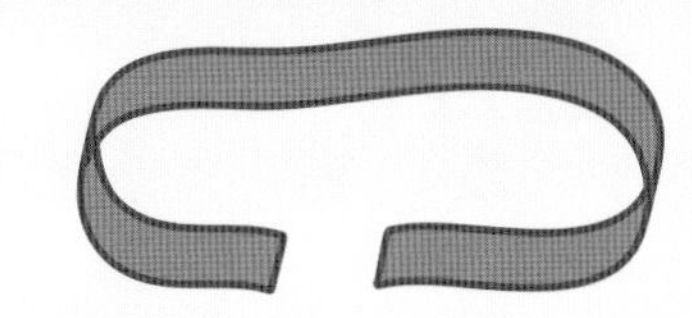

第一步

做莫比烏斯帶只需要一張紙和膠水（膠帶）。裁出一長條紙帶，大概 30 厘米長，3 厘米寬。

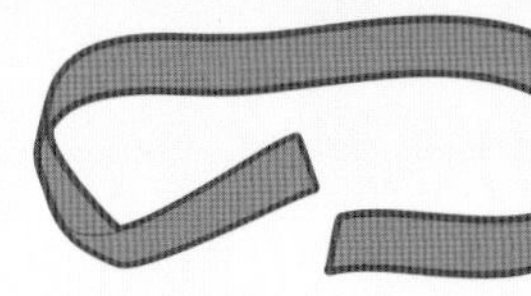

第二步

將紙帶子一端翻一面，再用少許膠水或膠帶將帶子兩端黏起來。

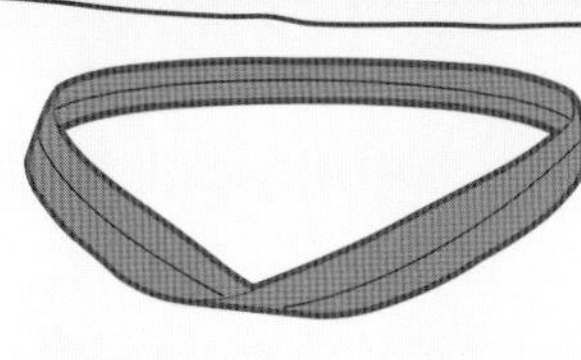

第三步

為了檢驗這條帶子是否真的只有一個面，可以沿着帶子中心畫一條線，然後沿着這條線剪開——對於結果你可能會特別驚訝哦！

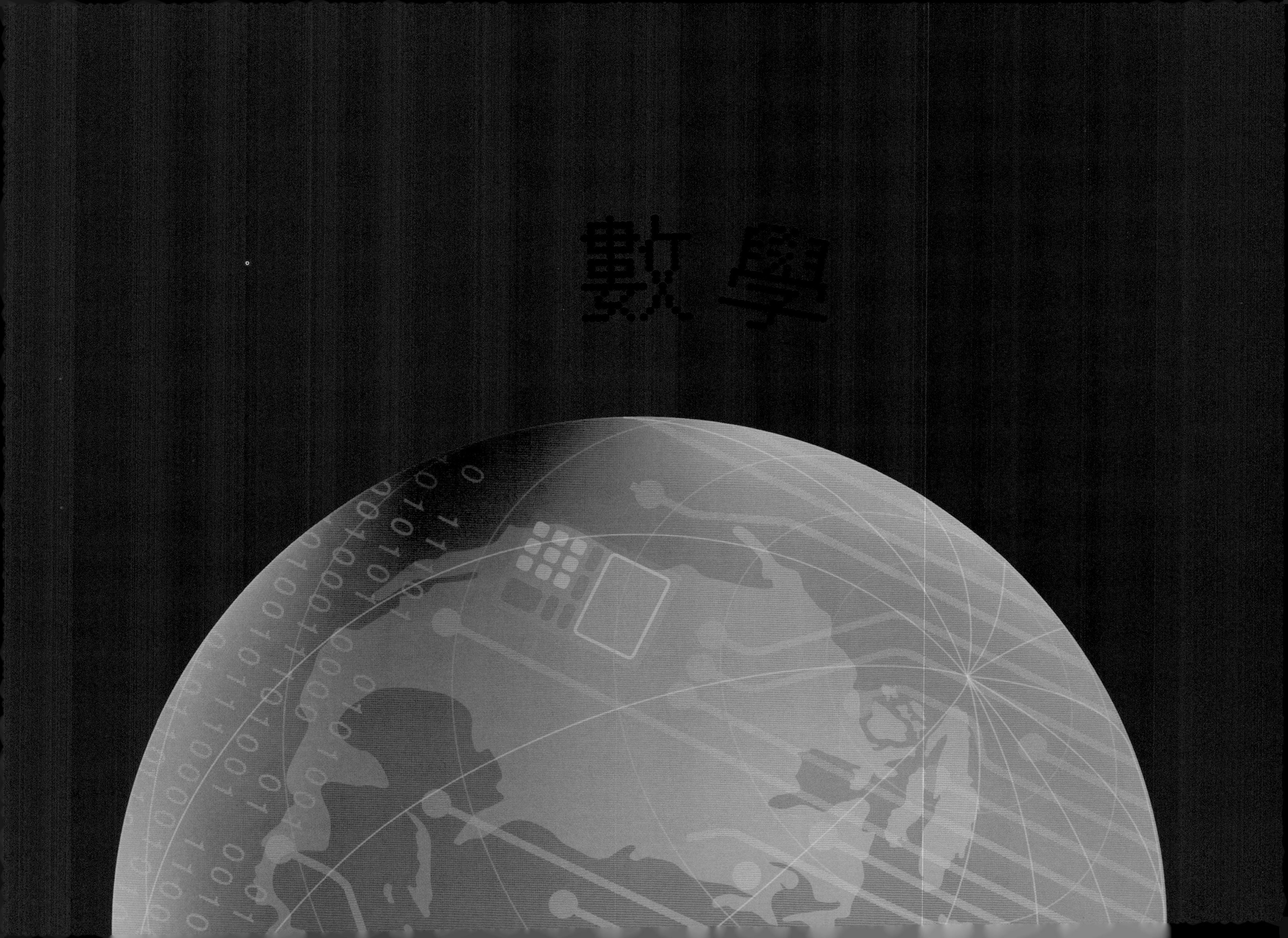
數學

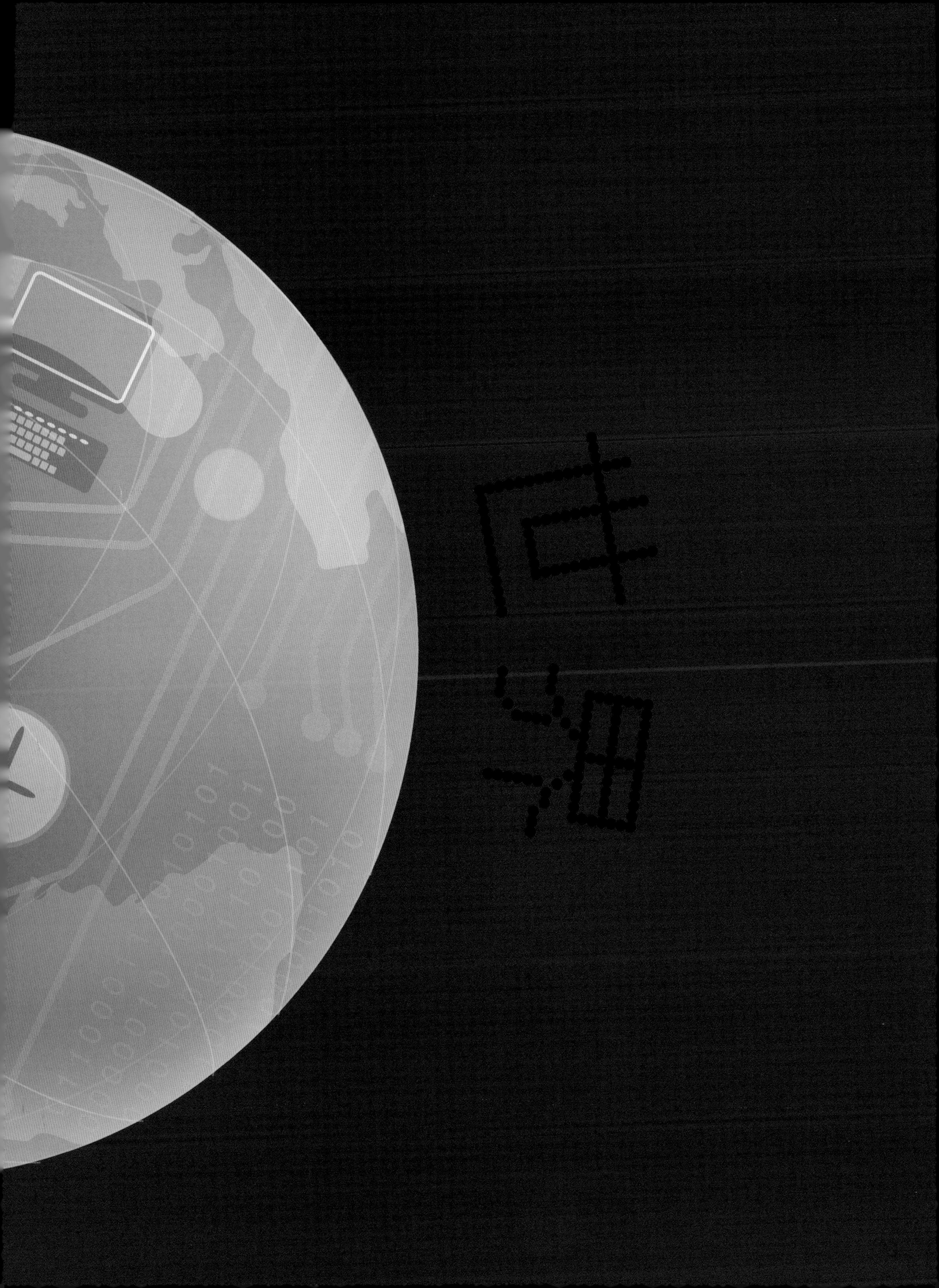

有趣的時間

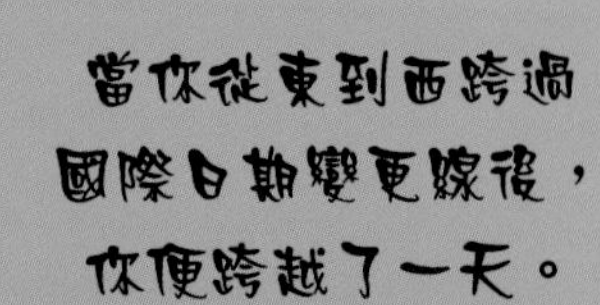

當你從東到西跨過
國際日期變更線後，
你便跨越了一天。

每個人都知道時間是甚麼——可能用語言形容會有些困難，但是，不管怎樣，我們在每件事情中都會用到它：煮一顆雞蛋、趕一輛火車或是在一場橄欖球比賽中知道甚麼時候要吹哨。時間還有甚麼用處，有人知道嗎？

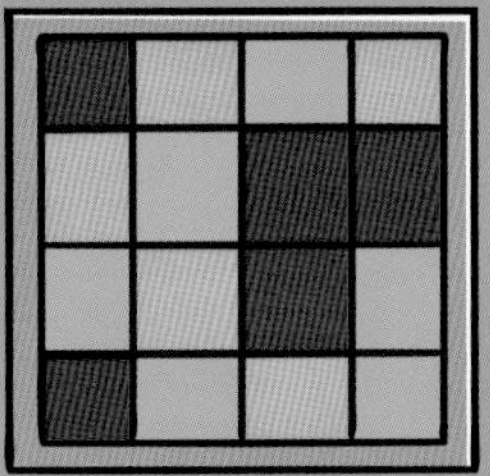

這個時鐘會顯示出每個時區比格林尼治時間提前或延後幾個小時。
橫跨大陸
俄羅斯從歐洲延伸到亞洲，跨越了 9 個時區。
格林尼治子午線
兩極
所有時區會在南北極會合，只要兩極的頂點走一圈，你就能在幾穿越所有時區。

劃分時間

古埃及人最早將一天劃分成 24 個小時，但他們的小時時間長度不盡相同。為了確保每天日出到日落總是有 12 個小時，他們將夏天白天和冬天夜晚的小時設置得更長一些。

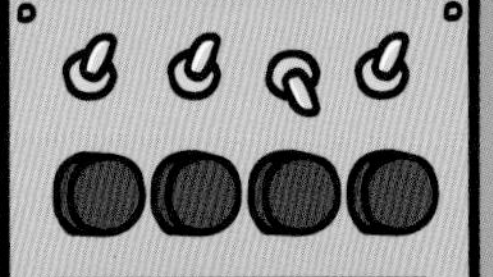

時間的長度

- 千禧年：1,000 年
- 世紀：100 年
- 年：365 天
- 閏年：366 天
- 月：28、30 或者 31 天
- 太陰月：大概 29.5 天
- 周：7 天
- 天：24 小時
- 小時：60 分鐘
- 分鐘：60 秒
- 秒：時間的基本單位
- 毫秒：1 秒的 1/1,000
- 微秒：1 秒的 1/100 萬
- 納秒：1 秒的 1/10 億

自然單位

雖說最準確的時間是以秒為單位，但我們也會因為很多自然事件而使用下面三個單位：

- 1 天：地球繞着地軸旋轉 1 圈的時間
- 1 個月：月球繞地球轉 1 圈的時間
- 1 年：地球繞太陽轉 1 圈的時間

區

全世界共劃分為 24 個時區，每個時區的時間都是格林尼治子午線為基準，提前或延後數小時。這條線一條想像的線，經度為 0 度，連接南北極，穿過英國敦的格林尼治。位於地球另一邊 180 度經線的地方，國際日期變更線。這條想像的線將兩邊地區分隔成同的曆日。

超級精確

大部分現代鐘錶都會包含一個石英晶體，發送規律的電子脈衝，以此來保持時鐘平穩運行 —— 不過運行一年總會有幾秒的誤差。世界上最好的時鐘依靠來自金屬原子的光波長度，運行數十億年也不會有 1 秒的誤差。

國際日期變更線
時間旅行
2011 年，薩摩亞羣島把時區從國際日期變更線以東調整到國際換日線以西，結果錯過了 12 月 30 日（星期五）這一天。
當大腦發熱時，比如說發燒時，生物鐘會運行得比較快。

光年

光年是距離而不是時間的測量單位。1 光年是指光行走一年的距離，大約為 9.46 萬億千米。

小遊戲

生物鐘

人體內會形成對時間的固有感覺，就是我們常說的「生物鐘」。它由白天與黑夜交替組成的時間節奏所控制。如果你坐飛機穿越好幾個時區，體內生物鐘就會被打亂，人的身體也會因時差感到痛苦。你可以測試一下自己對時間的感覺：睡覺前，在心裏設定一個明天早上起床的特定時間。第二天當你醒來，對照一下手錶，看看自己是不是準時醒來的。

地圖

地圖是通過圖片或圖形展現信息的一種方法。我們最熟悉的地圖會用單詞、符號和顏色標注街道和地形，提供盡可能多的信息，幫我們找到路。這些地圖通常按比例繪制—也就是說地圖上一段較小的固定距離代表着現實地區中較大的固定距離。

各種地圖

地圖是通過圖片展示信息，從而讓我們更加容易理解的一種方法。我們有各種各樣的地圖——比如，流程圖就是體現汽車製造過程的一種方法。並不是所有地圖都按比例繪製——比如城市地下地圖。而思維導圖則展現了我們的大腦是怎樣想出各種點子的。

等高線

地圖是平的，但小山卻不是，我們怎樣在地圖上顯示出小山呢？答案是利用等高線，它將所有海拔高度一樣的點連起來：比方說，一條等高線穿過所有海拔高度是 10 米的點，另一條穿過所有海拔高度是 15 米的點，依此類推。

就算是在一張按比例繪製的地圖裏，也不是所有東西都按比例呈現。比如，公路幾乎總是會畫得比較寬，讓路上的細節更加清晰明瞭。
等高線
35
30
25
20
15
10
05

數字定位

景觀地圖由一條條標着數字的網格線組成，這也是它的一大特徵。水平線表示東西方向，垂直線表示南北方向。有個停車場在線 45 和 01 交叉的那個方格裏，方格參考位置就是 4501，也可以寫成「東 45，北 1」，或者地圖坐標：45,01 。

小遊戲

看地圖

看着地圖，你能找出教堂和野營地的坐標嗎？

GPS 的支援

通過地圖找到自己的位置也許會弄錯——但運用 GPS（全球定位系統）設備就基本不會犯錯。利用來自人造衛星的信息，它能找到自己的準確位置並顯示在地圖上，甚至能為你指引方向。

比例 1:100000

0 5 10 英里

0 5 10 15 千米

了解比例

景觀地圖是對一個區域的展示，所以上面的各種標記應該標在對應事物的正確的位置，並且以同比例的距離相互隔開。地圖想要做到體積小方便有用，裏面的圖像包括所有事物就得按同樣的比例縮小。典型的街道地圖大概的比例是 1 厘米比 1 千米。換句話說，地圖上 1 厘米代表現實中的 1 千米，比例就會寫成 1:100,000 。

力的單位牛頓，正是以這位
英國偉大科學家的名字命名的。

艾薩克·牛頓

今天，所有的科學研究都要依靠數學來解決問題，並提出新的理論。第一個如此運用數學的科學家就是艾薩克·牛頓。他著有一本關於運動和光學的書，該書通過對數學的運用，告訴我們如何理解宇宙的運行，並以此轉變科學研究的方式。

牛頓出生於英格蘭林肯郡的伍爾索普莊園。據說他是在看到蘋果從樹上掉下來之後產生了有關萬有引力的想法。

早期生活

牛頓於 1643 年出生，出生三個月前他的父親剛剛去世。牛頓剛出生時體弱多病（小到可以「裝進一夸脫的馬克杯」），家人並沒有指望他能活下來。當他 3 歲時，母親改嫁把他留給了外公外婆。牛頓在 18 歲時進入劍橋大學，但 1665 年學校因為瘟疫被迫關閉，牛頓也回到家鄉。此後的兩年裏，牛頓創作出生平最偉大的幾部著作。

牛頓將光線穿過稜鏡（一種三角形的玻璃塊）時，發現白光由彩虹的所有顏色光組成。

看見光明

牛頓潛心研究自然光並找出了光學中的很多規律。他於 1671 年建造了第一台反射式望遠鏡，利用彎曲的鏡子讓各種行星顯得更近更亮。世界上現存的的那些大型望遠鏡，多數運用了相同的方法。

PHILOSOPHIÆ
NATURALIS
PRINCIPIA
MATHEMATICA.

Autore *J. S.* NEWTON, *Trin. Coll. Cantab. Soc.* Matheseos Professore *Lucasiano*, & Societatis Regalis Sodali.

IMPRIMATUR.
S. PEPYS, *Reg. Soc.* PRÆSES.
Julii 5. 1686.

LONDINI,
Jussu *Societatis Regiæ* ac Typis *Josephi Streater*. Prostant Venales apud *Sam. Smith* ad insignia Principis *Walliæ* in Cœmiterio *D. Pauli*, aliosq; nonnullos Bibliopolas. *Anno* MDCLXXXVII.

科學的秘密

當天文學家埃德蒙·哈雷向牛頓探討對彗星的見解時，他發現牛頓已經非常了解它們的運行軌道，以及有關宇宙的大部分數學知識。所以哈雷說服牛頓寫了一本關於物體運動的書，並於 1687 年為其出版，名為《自然哲學的數學原理》。它可能是迄今為止最為重要的一本科學讀物。

複雜的角色

牛頓是個天才。他不僅建立了許多物理法則，還在數學領域創建了一個新的分支——微積分（研究變量的數學）。但是，牛頓也浪費了大量時間在煉金術上—尋找從普通金屬（比如鉛）中提取金子的秘訣。他也是一個不輕易寬恕別人的人。他終其一生都在與英國科學家羅伯特．胡克爭論，同時在誰創建了微積分這個問題上也與德國數學家萊布尼茨爭論不休。

牛頓是出了名的心不在焉。曾經有一次，他本來要煮雞蛋，後來卻發現把懷錶煮了，雞蛋還在手裏。

在英國皇家鑄幣廠，牛頓為了讓硬幣鑄造工藝更複雜，更難被仿製，引進了切削過邊緣（帶有圖案）的硬幣。

艾薩克．牛頓爵士

1696 年，牛頓被任命為皇家鑄幣廠的主管，這裏是英國製造錢幣的地方。當時的硬幣都是用金和銀做的，不法分子會削去硬幣邊緣的貴重金屬，或者用便宜的金屬製造假幣。牛頓想出了很多解決方法，盡量減少這些違法行為。1705 年，為了感謝牛頓為鑄幣廠所做的貢獻，安妮女王封他為爵士。這位偉大的科學家於 1727 年去世，與英國的國王及王后一起埋葬在倫敦的西敏寺。

萬有引力定律

牛頓學習了意大利科學家伽利略和德國天文學家約翰尼斯．開普勒的研究成果並匯合了他們的觀點後，意識到宇宙中廣泛存在着一種吸引力，也就是萬有引力。物體的質量（m）越大，萬有引力（F）越大。但萬有引力會隨着物體之間距離（r）的增加而減小。他發現計算兩個物體（m1 和 m2）之間引力的公式如下，G 表示萬有引力的常數。

$$F = G\frac{m_1m_2}{r^2}$$

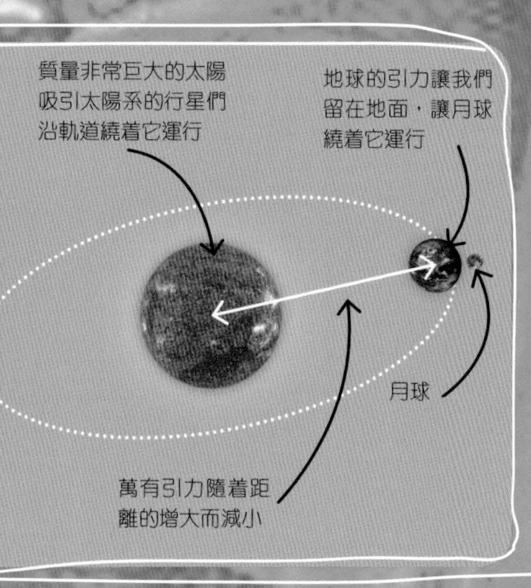

質量非常巨大的太陽吸引太陽系的行星們沿軌道繞着它運行
地球的引力讓我們留在地面，讓月球繞着它運行
月球
萬有引力隨着距離的增大而減小

概　率

概率論是數學領域的一個分支，研究事情可能會發生的概率。數學家用從 0 到 1 之間的數字表示概率，概率為 0 意味着事情絕對不可能發生，反之概率為 1 說明事情肯定會發生。概率為兩者中間的數字說明事情可能會發生，發生的概率可以用分數或百分數表示。

概率是甚麼？

算出概率相當簡單。首先，你可以列出所有可能的結果，計算其總數。以擲骰子為例，擲骰子得到 4 的概率是 1/6，因為擲骰子有六種結果，只有一種是 4。擲骰子得到奇數（1、3 或 5）的概率是 1/2 或者 50%。

概率如何疊加

擲硬幣得到正面的概率是 1/2（兩個選一個）。第一次反面第二次正面（可以簡寫成 TH）的概率是 1/2×1/2=1/4。第一次正面第二次也正面（HH）的概率也是 1/4。三次都是反面（TTT）的概率是 1/2×1/2×1/2=1/8。

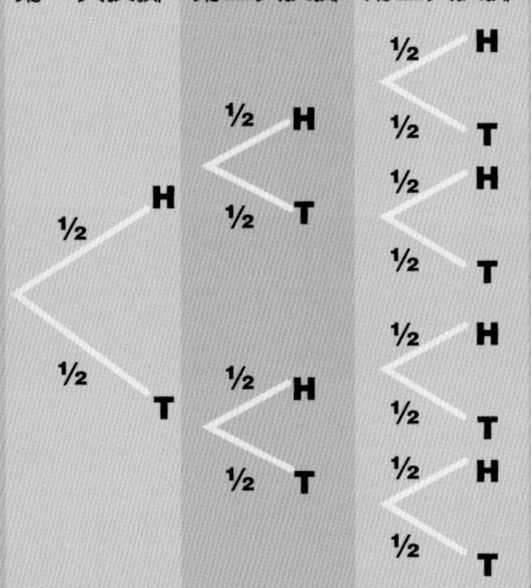

但別碰運氣！

如果擲硬幣連續四次都是正面，你可能會被誤導，認為下一次擲硬幣得到反面的概率就更大些。但其實再擲一次得到正面或反面的概率是相同的：HHHHT 的概率是 1/2×1/2×1/2×1/2×1/2=1/32，與 HHHHH 的概率是完全一樣的。

混亂無序

這種三維彈球會彈到哪兒幾乎是不可能預測的。你發射的每個球其運行路線都會有輕微不同。球出發的位置以及按壓彈簧或拉動搖手的力量上細小的差別，也會導致球在桌面上彈跳方向的巨大變化。這種不可預測的行為就稱為「無序」。

莊家總能贏

你知道賭場是怎樣賺錢的嗎？他們會確保贏的概率是偏向他們的。賭場遊戲會讓「莊家」（賭場本身）有統計上的優勢，這就意味着莊家會贏多輸少。舉個例子，如果在賭場遊戲「輪盤賭」裏給一個數字下注，你贏的概率是 1/36，但輪盤轉動的結果還有第 37 種可能——0。這就讓賭場最終有了贏多輸少的優勢，因為如果最後結果是 0，他就不用給錢。就是這個 0 讓莊家有了「優勢」。

一副洗好的撲克牌正好按順序排列的概率少於數萬萬億分之一。

預測

利用概率論，你就能預測或預言事情將要發生的概率。例如，想像你有一個袋子，裏面有 5 個紅球、6 個藍球和 7 個黃球。你拿出來的球最有可能是甚麼顏色呢？答案是黃色，因為黃球的數量最多，所以抽到這個顏色的概率最大。預測不總是準確的，可能你會抽到一個紅球或一個藍球——只是這兩種可能性比較低一些。

小遊戲

概率是甚麼？

有時大腦會誤導我們，被一些實際上沒有影響的事件所影響。舉個例子，看書上和恐怖大片裏的描述，我們會覺得鯊魚對於人類非常危險，但其實被鯊魚吃掉的人還沒有被河馬殺死的人多。試試把下列死亡原因按照概率大小排個序吧！

- 玩電腦遊戲精疲力竭
- 被蛇咬
- 被河馬攻擊
- 撞向燈柱
- 掉入下水管道
- 踢足球
- 被掉下來的椰子砸中
- 被閃電劈中
- 被隕石砸中
- 被鯊魚攻擊

展示數據

如果想要知道世界上現在正發生的事情，你就需要了解真相一或者數據。這些數據總是以大量的數字形式出現，最開始你可能看不出甚麼，但只要把這些數字按正確的方式呈現，你就能看到一幅圖像。現在讓我們來看看超級英雄近期的活動數據吧……

犯罪計數

先捉拿哪個罪犯對於超級英雄來說有些難。但只要對他們的罪行做一個簡單的統計（如下圖），誰是城市裏最大的威脅就一目了然了。

數字狂人

𝍸 𝍸 𝍸 𝍸 |||

π 巨人

𝍸 𝍸 ||||

圖示

用線形圖將數據按時間標示出來——比如把城市裏的犯罪數量標示出來一這樣我們就很容易發現罪犯在城裏的時間。如果超級英雄能發現罪犯的作案規律，抓捕行動就容易多了。

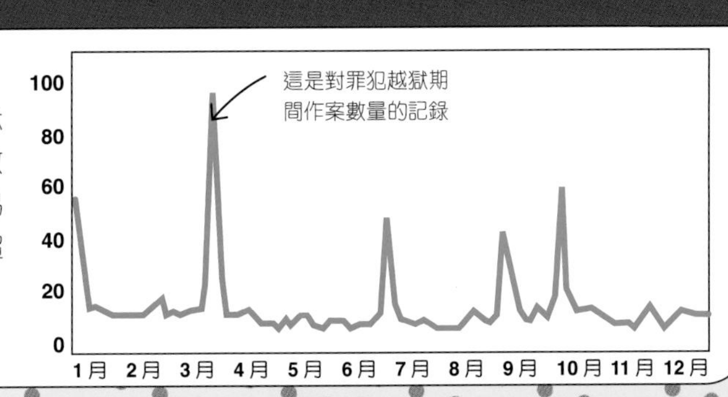

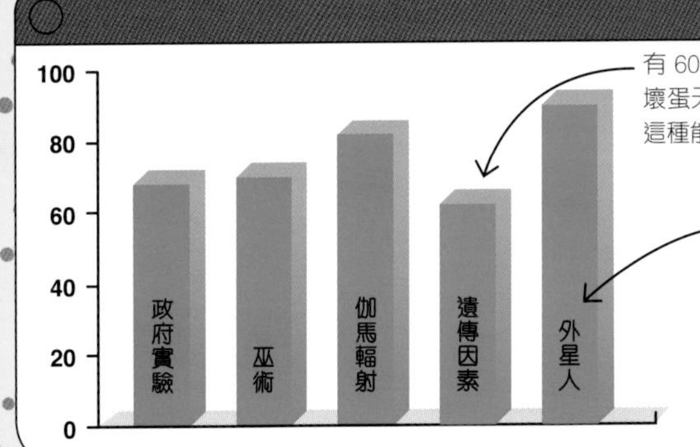

無一例外

與未來壞蛋抗爭的途徑之一就是找到他們的能量來源並以此打敗他們。像這樣的柱形圖，柱子的高度代表超級大壞蛋各種能量來源的數量，這樣比較起來就一目了然了。

名字	秘密身份	助手	英雄或壞蛋	主要敵人
數學俠	有	有	英雄	數字狂人
計算俠	沒有	沒有	英雄	沒有
人形俠	沒有	有	英雄	沒有
數字狂人	有	沒有	壞蛋	數學俠
π 巨人	有	有	壞蛋	沒有

表裏是甚麼？

其實掌握超級英雄和超級壞蛋的各種情況是很容易的，一張簡單的信息表格就能做到。它以清晰高效的方式展現出每個人各方面的狀況，便於我們深入了解他們。

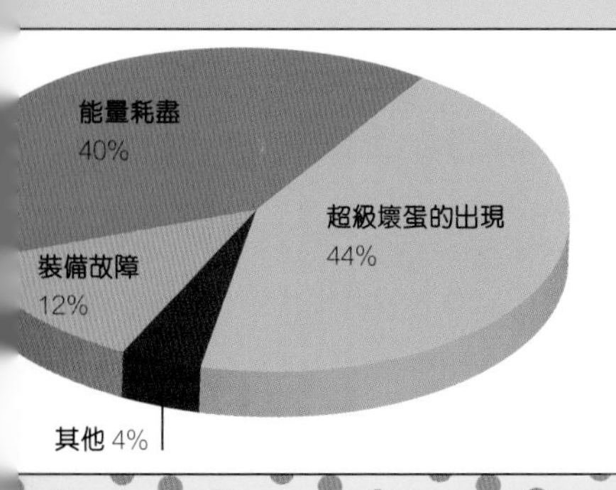

天上的餡餅

就算是超級英雄也有失敗的時候。問題出在哪兒？左邊這種餅狀圖，用不同顏色的扇形代表不同的原因；每一片扇形的大小又代表着一定的比例，這樣就能清晰地顯示出主要原因是甚麼。

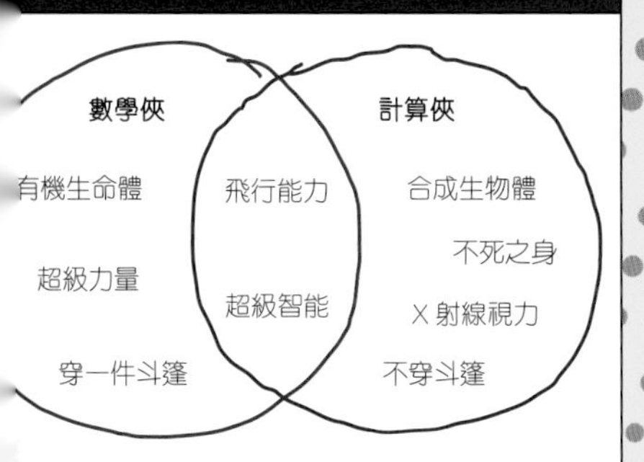

做甚麼？

當你有一組超級英雄時，你需要將們的技能分類，維恩圖是解決這個問最理想的方法。它能比較出每個人的徵，並顯示出哪些技能相同，哪些不。

檢查一下

如果想要為軍團招募新的超級英雄，你需要了解他們需要具備哪些技能。下面這張簡單的技能檢查清單就能幫你做出正確的決定。

- 飛行能力
- 超級力量
- 隱身術
- 心靈感應
- 超級智能
- 超自然力量

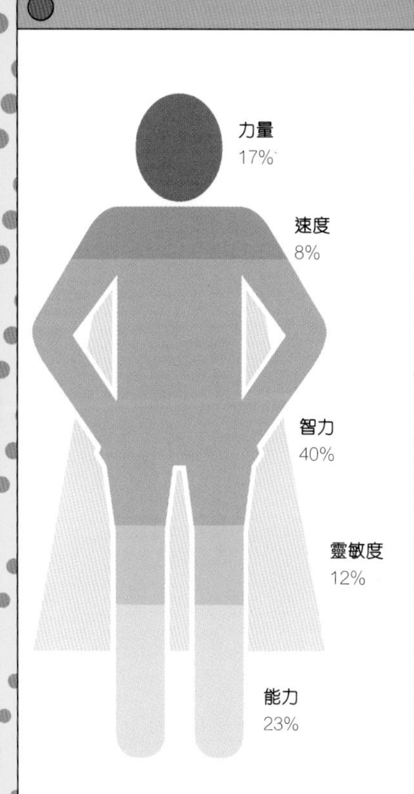

輪廓象形圖

如果想要畫出一個完美超級英雄的輪廓，這種象形圖是一個不錯的選擇，它能較好地展示出各種技能之間的平衡。這張清楚明瞭的圖片包含了各類信息，裏面各區域的顏色深淺度反映出各種品質的混合。

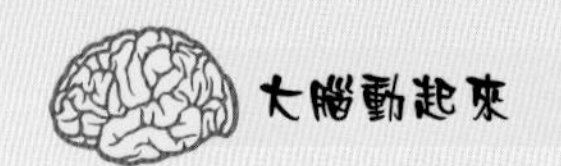

邏輯謎題和悖論

解決這類謎題時你必須仔細思考。數學領域的這個分支叫作邏輯學——通過一步步地解決問題來找到答案。但是要小心了！這裏有一個謎題是悖論，是一段聽上去很荒謬、自相矛盾的陳述。

黑色或白色？

艾米、貝絲和克萊爾戴着帽子，他們都知道這些帽子就兩種顏色—黑或白。他們也知道不是所有帽子都是白色。艾米能看見貝絲和克萊爾的帽子；貝絲能看到艾米和克萊爾的帽子；而克萊爾是蒙着眼睛的。每個人都輪流回答自己是否知道自己帽子的顏色。答案依次是：艾米——不知道，貝絲——不知道，克萊爾——知道。請問克萊爾的帽子是甚麼顏色，她又是如何知道的呢？

邏輯方格

下面每個彩色方格都隱藏了從 1 到 8 其中一個數字。根據提供的線索，你能找出每個數字所在的方格嗎？

- 深藍色和深綠色方格的數字加總為 3
- 紅色方格的數字是偶數
- 紅色方格和它下面的方格其數字加總為 10
- 淺綠色方格是深綠色方格數字的兩倍
- 最右邊一列的方格數字加總為 11，這兩個方格數字只相差 1
- 橙色方格的數字是奇數
- 黃色方格和淺綠色方格數字的總和等於最下面一行其中一個方格的數字

理髮師的困境

一個鄉村理髮師為每一個不給自己理髮的人理髮。但誰來為他理髮呢？

- 如果他給自己理髮，他就成為給自己理髮的那羣人中的一個
- 但是他不為給自己理髮的人理髮。所以他不給自己理髮
- 但是他又為每一個不給自己理發的人理髮
- 所以他要給自己理髮……這又讓我們回到了開頭

狡猾的加總

一個四位數，第一位數字是第二位的 1/3，第三位數字是第一位和第二位數字的總和，最末位數字是第二位的 3 倍。這個四位數是多少呢？

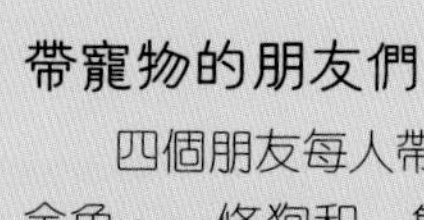

帶寵物的朋友們

四個朋友每人帶着一個寵物，分別是一隻貓、一條金魚、一條狗和一隻鸚鵡。它們的名字分別是小不點兒、小紐扣兒、小可愛和小金金。根據下面這四個朋友所說的話，你能推理出每個人的寵物及寵物的名字是甚麼嗎？

我的寵物不是金魚也不是狗，但它名叫小不點兒。
安娜
我的寵物叫小紐扣兒，它很喜歡游泳。
鮑勃

我沒有狗……

我對動物毛髮過敏，所以我的寵物沒有任何毛髮。

而且我知道小金金是一隻貓。

戴夫

塞西莉亞

如果推理過程中遇到困難，可以畫一張表，在表的第一列填上每個人的名字，然後再將找到的線索一一填進去。

海中迷失

這一天海上泛起濃霧，你只能辨認出一些藍色的海水還有部分船隻。你能找到剩餘船隊所在的位置嗎？注意：每條船的四周都被海水包圍着。

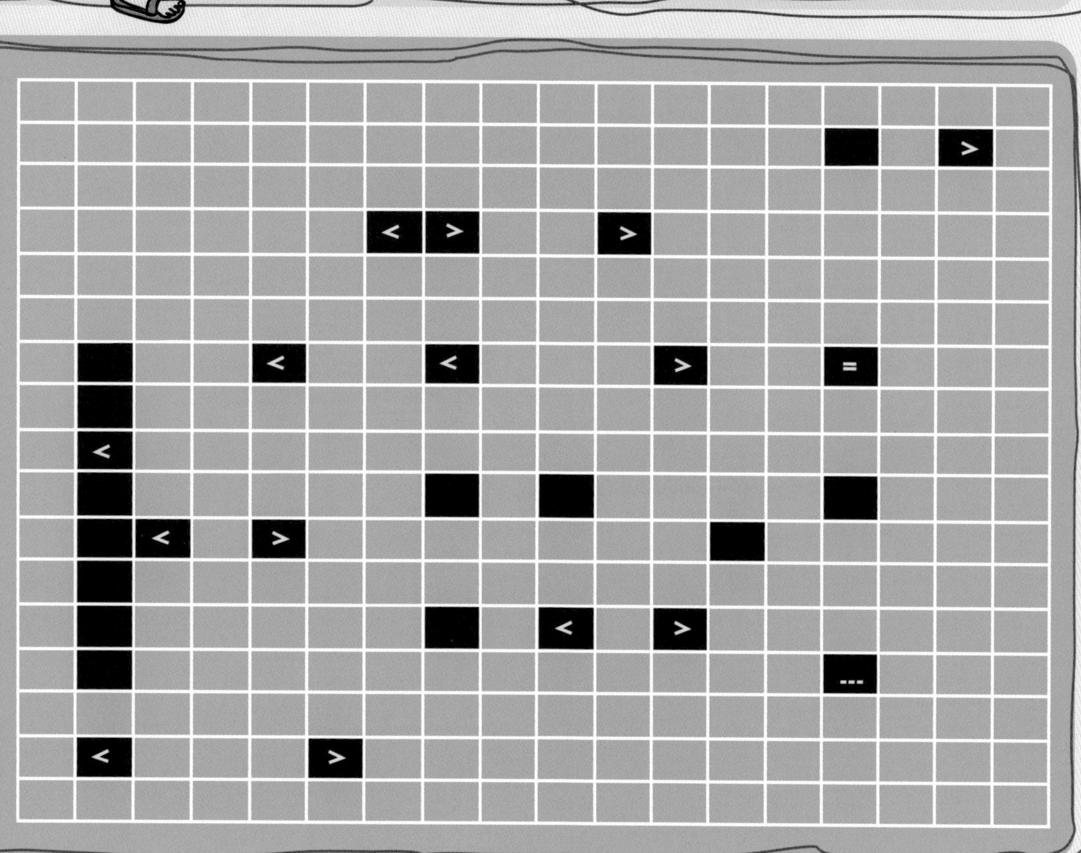

船隊：

6 艘橡皮艇：

4 艘快艇：

2 艘巡洋艦：

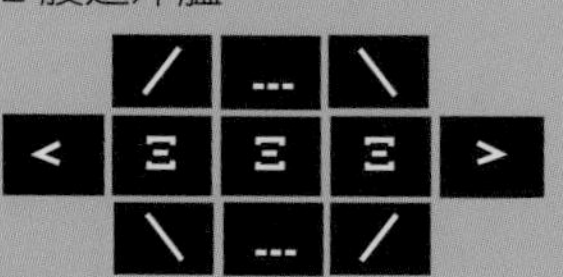

艾格尼絲・梅耶・德里斯科爾

德里斯科爾（1889-1971）是 20 世紀偉大的密碼破譯專家之一。她當時為美國海軍服務，破譯了當時最難最複雜的一些密碼，包括在世界大戰中使用的一些密碼。她以「X 女士」這個稱號被大家所熟知。德里斯科爾在密碼破譯機器的發展及密碼破譯教學上也有着傑出的貢獻。

查爾斯・巴貝奇

英國數學家巴貝奇（1791-1871）不僅發明了第一台真正意義上的計算機，還是一個一流的密碼破譯專家。1854 年，他破譯了一組依靠 26 個字母編寫信息的著名軍事密碼。後來在克里米亞戰爭中，巴貝奇的這一成果被用來破譯俄國的軍事信息。

托馬斯・傑斐遜

在擔任美國總統之前的十年，傑斐遜（1743-1826）發明了一台革命性的編碼機器，名為「輪轉密碼」。此後，他繼續發展出一些其他類型的密碼，並利用這些密碼向歐洲發送信息，與秘密團體保持聯繫。從 1922 年到 1942 年，美國軍方一直採用的都是傑斐遜的輪轉密碼。

弗朗西斯・沃爾辛厄姆爵士

在英格蘭伊麗莎白一世統治時期，間諜活動非常普遍。沃爾辛厄姆（約 1532-1592）是一位優秀的間諜，通過攔截伊麗莎白的表親 —— 蘇格蘭女王瑪麗的信件，揭露她妄圖暗殺伊麗莎白女王的陰謀。他的密碼破譯專長把瑪麗女王送上了斷頭台。

小遊戲

無處不在的密碼

我們的周圍到處是密碼，其中很多是專門設計出來用於被機器讀取的。你的智能手機裏至少會有一個用來掃描條形碼的應用軟件。你可以用它掃描商店裏各種類型的產品，或者廚房架子上的物品，看看會跳出甚麼樣的信息。也可試試用軟件來掃描圖書。

破譯密碼

如果你有一條秘密信息需要讀取，可以打電話給密碼破譯專家。代碼和密碼都能讓通俗易懂的信息變得難以理解，但也能運用數學原理將其破解。代碼把每個單詞轉換成編譯過的單詞、符號或數字。密碼則將字母打亂或者將它們轉換成不同的符號。

黑客

黑客是指那些只是為了好玩或者為了盜取有價值的信息而闖入計算機系統的人。黑進計算機系統也涉及破譯（解碼）計算機的代碼或信息。有時，計算機公司會僱用黑客來測試他們的系統以保證系統更安全，這種黑客有個綽號叫「白帽黑客」。

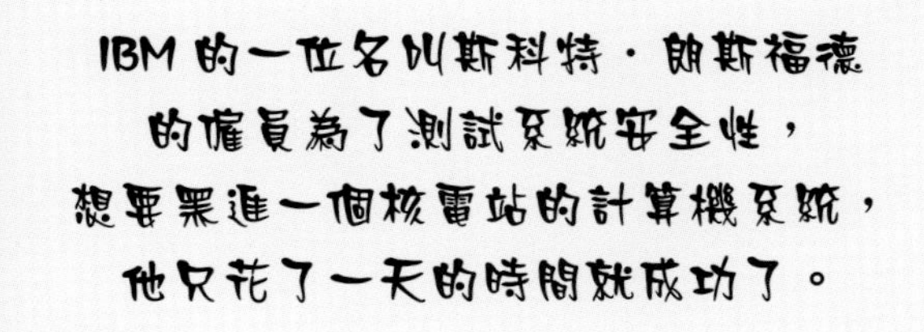

IBM 的一位名叫斯科特・朗斯福德
的僱員為了測試系統安全性，
想要黑進一個核電站的計算機系統，
他只花了一天的時間就成功了。

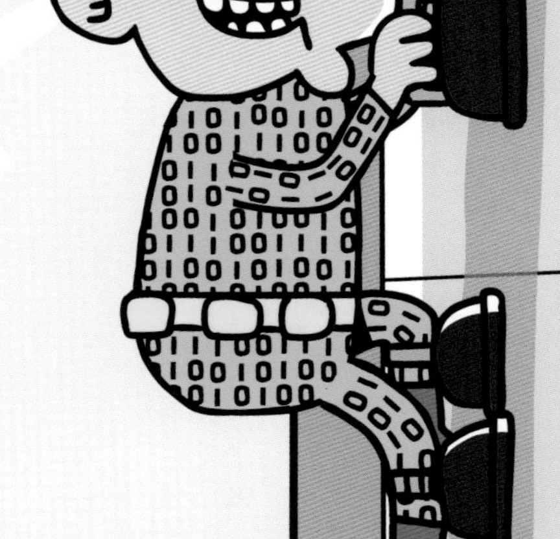

加密

金融交易信息基本靠計算機發送，為了防止發送人或者接收人的銀行賬戶信息被盜，這種信息的發送是保密的。這些交易信息以無線電信號的方式穿過網絡、電線以及各種空間。由於這些信息很容易被截獲，所以我們將其轉化為密碼。

adf
sla sdlfk
jfdsl eowi
nfas afdslncn
hdsf hdsfkh
hfdhtjn hf eui
bcnkb hckuue cbkj
sn seh ifeuw euin
kjcntk hf dis
tnv eh

頻率分析

簡單的密碼可以通過頻率分析來破譯（數一數每個符號多久出現一次）。每個符號都代表着原文（純文本）中的一個字母，所以最常用的符號應該代表最常用的字母。英文中，最常用的字母是 E 和 T，德文中是 T 和 A，西班牙文中是 E 和 A。我們只要將加密的文本替換成這些字母，就能得到純文本。

公鑰加密

20 世紀 70 年代早期數學界一個重大的突破就是公鑰加密。密鑰是指需要加密或解密的信息。這種系統運用於所有郵件和文本，只有特定的接收者才能讀取信息。它工作的原理是，接收者的計算機系統會生成一對密鑰：一個用來加密，一個用來解密。發送者用加密的密鑰將信息加密然後發給接受者。這條信息只有接收者能讀取，因為只有他（她）有解密的密鑰能將文本解密。

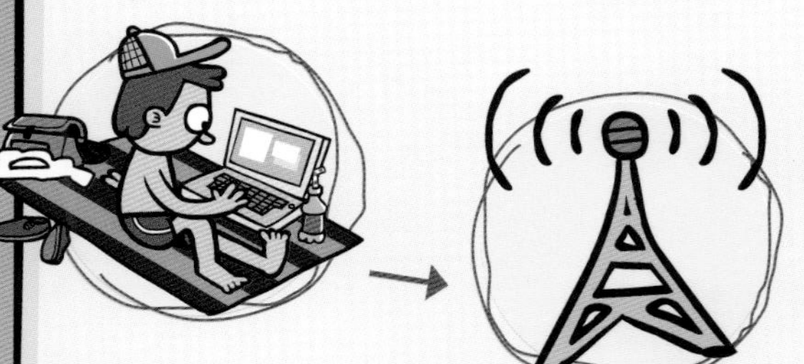

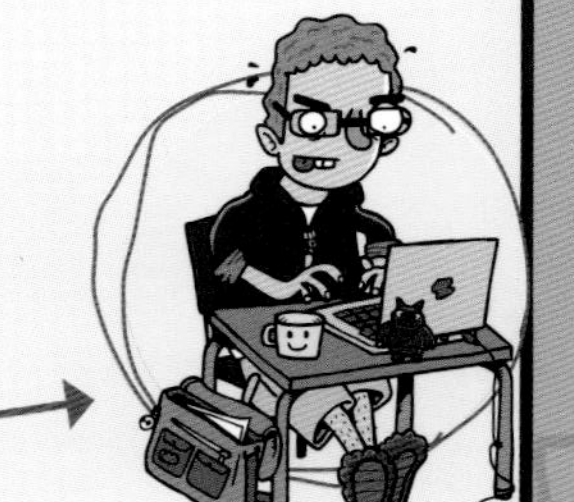

代碼和密碼

凱撒密碼

凱撒密碼是以羅馬統帥凱撒大帝的名字命名的，它基於這樣一種替換原理—將每個字母換成另一個字母。舉個例子，你可以把每個字母都換成它後面那個字母，所以“b”變成“c”，“c”變成“d”，依此類推。在更複雜的版本裏，字母可能會換成後面第三個字母，所以“a”變成“d”，“b”變成“e”。你能破解出下面的信息麼？

ZHOO GRQH WKLV LV D KDUG FRGH

想要算出替換字母與原字母的間隔，你可以先從間隔一個字母試起。

替換密碼

在凱撒密碼中，加密過的字母表依然按照順序排列，只是字母的位置變了。但在替換密碼中，加密字母就不是按照順序排列了。根據下面的密碼，你能破解出這條信息的意思是甚麼嗎？

在下面第二行中找到字母 Y，然後找到它上面對應的原字母——C。

YTRJWYLKCJPFK

A	B	C	D	E	F	G	H	I	J	K	L	M	N	O	P	Q	R	S	T	U	V	W	X	Y	Z
L	C	Y	R	J	P	D	O	A	V	Z	H	B	K	T	X	G	S	W	U	F	E	M	I	N	Q

雖然凱撒密碼比較簡單，但當時人們還不怎麼習慣使用密碼，所以這種密碼還是很有用的。

做一個密碼輪

為了讓替換密碼的編寫和破譯都更方便些，你需要一個密碼輪——你和接收信息的一方都需要。除此之外，你們還需要知道破解字母替換密碼的密鑰。

你需要

- 白紙
- 鉛筆
- 剪刀
- 直尺
- 紙張緊固件

第一步

將這裏給出的兩個輪子畫在紙上並剪下來，把小一點的那個輪子放在上面，將它們按圖中所示平均分成 26 份，然後把兩個輪子的中心固定在一起。

第二步

在外圈按順序寫上正常的字母表，內圈寫上密碼字母表（你可以用左邊的密碼，或者自己編寫）。然後定一個提示字母，比如 X=P。

第三步

把密碼輪給朋友後，把提示字母告訴他作為開始的破譯點。當他們轉動輪子將內圈的 X 與外圈的 P 對齊，剩下的密碼就將迎刃而解。

這裏有一些代碼和密碼等着你去編寫和破解，還有製作密碼輪的教程，讓你和小夥伴們能非常方便地將信息加密。

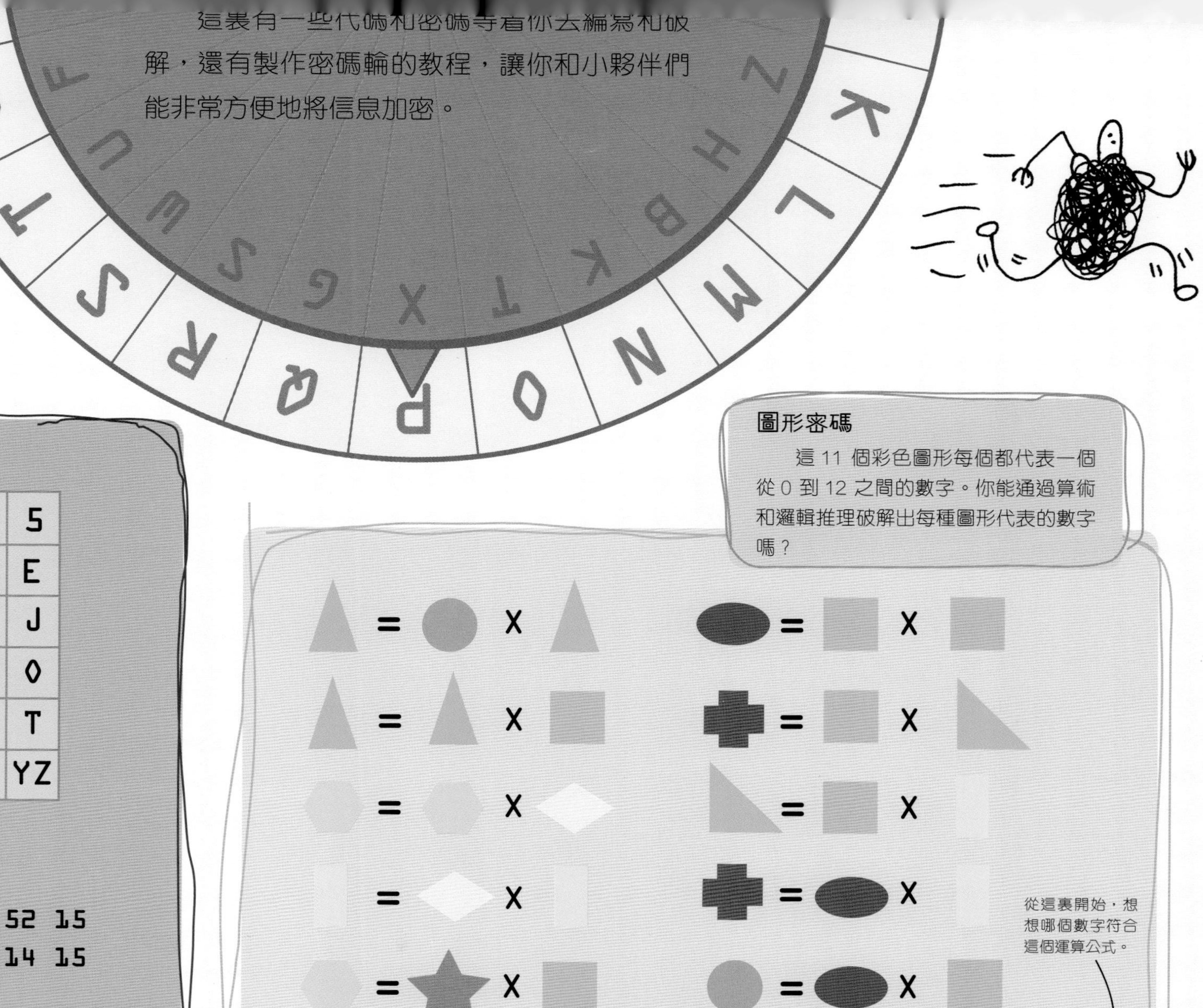

波利比奧斯密碼

波利比奧斯（公元前 203—公元前 120）是一位古希臘歷史學家，為古羅馬設計了一種新型的密碼。下面就是英文的版本。使用的方法就是將一對數字代表的那個字母挑出來。例如，H 在第二行第三列，所以它的加密數字就是 23。

	1	2	3	4	5
1	A	B	C	D	E
2	F	G	H	I	J
3	K	L	M	N	O
4	P	Q	R	S	T
5	U	V	W	X	YZ

第一步

用上面的代碼表破解下面的密碼。

45 23 24 44 24 44 11 52 15
43 55 35 32 14 13 35 14 15

第二步

你可以把代碼表給朋友一份，讓他也破解幾條加密信息。你也可以將此代碼表中的字母順序打亂創造自己的代碼表——只要保證每人拿到的是同一張代碼表。

圖形密碼

這 11 個彩色圖形每個都代表一個從 0 到 12 之間的數字。你能通過算術和邏輯推理破解出每種圖形代表的數字嗎？

從這裏開始，想想哪個數字符合這個運算公式。

英國首相溫斯頓·丘吉爾曾經說過：
圖靈的研究成果將第二次世界大戰縮短了兩年。

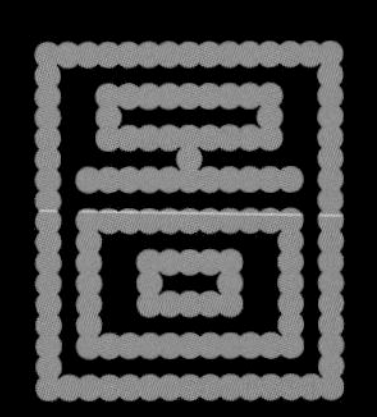
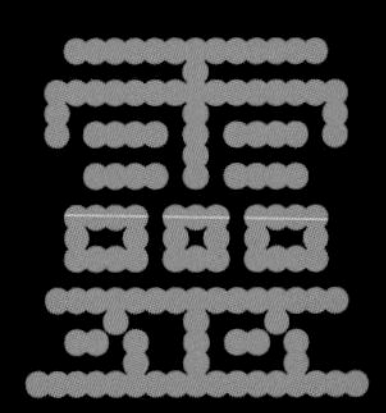

阿蘭·圖靈

照片拍攝地點位於倫敦的滑鐵盧區，圖靈是最左邊那個，當時十三四歲，正在和小夥伴一起去往寄宿學校的路上。

才華橫溢的阿蘭·圖靈在數學領域頗有建樹。他發明了一種新型的密碼破譯機器，幫助盟軍取得了第二次世界大戰的勝利。隨後他建造了世界上第一批計算機，並在智能機器——也就是我們現在所稱的人工智能的發展上開創先鋒。

早期生活

圖靈於 1912 年 6 月 23 日出生於倫敦，父親在印度當公務員。他出生沒過多久父母就返回印度，把他和哥哥留在英國由朋友照顧。圖靈還是個孩子時就很擅長數學和科學，16 歲就已經能讀懂偉大科學家阿爾伯特·愛因斯坦的著作，並對他的思想深深着迷。

圖靈從 1931 年起在劍橋大學國王學院學習。學院裏的計算機室是以他的名字命名的。

圖靈機

1931 年圖靈進入劍橋大學國王學院學習數學。也就是在這裏，圖靈於 1936 年發表了一篇論文，內容是關於一台想像中的設備可以通過在一長條紙帶上讀取和書寫來執行數學指令。在當時的技術還無法建造類似的機器時，他的想法就已經描述出一台計算機如何長時間地工作，這就是後來大家所熟知的「圖靈機」。同一年晚些時候，圖靈前往美國著名的普林斯頓大學深造。

密碼破譯

圖靈於 1938 年回到英國，應邀加入英國政府破譯德軍密碼。第二次世界大戰爆發後，圖靈搬到政府編碼與密碼學院的秘密總部布萊切利園。圖靈和他的同事高登·威爾士曼一起發明了「炸彈」，這是一台破譯德軍信息的機器——當時的德軍信息就是由右邊這台有點像打字機的名為恩尼格瑪密碼機的設備加密的。

圖靈還是一位世界級的馬拉松運動員。他在 1949 年奧運會的資格賽中排名第五。

這是一台英國的第一代電子計算機，基於圖靈超大計算機的構想而建造，其加速運算功能廣泛地應用於包括航空學在內的各種領域。

第一代計算機

第二次世界大戰後，圖靈加入英國國家物理實驗室，在這裏設計出一台名叫自動計算引擎（ACE）的計算機，它能將程序指令儲存在電子存儲器中。這台機器最終並沒有建成，但卻引領了第一代計算機「引航員 ACE」的發展。1948 年，圖靈又前往曼徹斯特大學潛心研究計算機軟件。這些早期的計算機往往體積巨大，佔滿整個房間，重達幾噸。

圖靈被授予“OBE”，即「不列顛帝國勳章」，這是為了表彰他在第二次世界大戰期間為國家所做出的巨大貢獻。

圖靈測試

圖靈想知道機器是否能夠思考。1950 年，他設計了一個實驗，讓人們向一台計算機提問，檢驗計算機能否讓提問的人相信它實際上是一個人。圖靈的「模仿遊戲」——也就是現在為人所熟知的圖靈測試——一直被用來測試機器的人工智能程度。

自殺悲劇

圖靈是一個同性戀者，而當時同性戀關係在英國是違法的，所以他也面臨着各種迫害和遭遇監禁的威脅。1954 年，圖靈選擇結束了自己的生命。他的雕像設立在布萊切利園—現在那裏已經建成了一個展示第二次世界大戰期間密碼破譯活動的博物館。

代數學

數學有一個很重要的分支，叫代數學，它用符號（通常是字母）替代數字來解決問題。和數學家一樣，其他領域的科學家也運用代數學研究世界上的各種事物。

找出公式

代數學運用公式來解決問題。公式有點像食譜 —— 它給你原料並且教你怎麼去處理。科學家運用公式處理各種各樣的事情。舉個例子，如果從一艘宇宙飛船那兒接收到無線電信號，科學家運用下面的公式就能算出宇宙飛船到底有多遠。該公式所用的十進制，是在科學領域裏國際通用的方法。

距離 = 時間 × 無線電波的速度

把你知道的信息填進去就能得出答案

時間：這個案例裏無線電信號到達地球花了 10 秒鐘

速度：無線電波以每秒 30 萬千米的速度行進

所以，**距離** =10 秒 ×30 萬千米 / 秒 =300 萬千米

簡單代數學

用兩種方式表達同一種計算等式，以此我們可以看出算術和代數的差別。

算術：**4 + 5 = 5 + 4**
代數：**x + y = y + x**

你也可以理解為這個等式裏 x=4 ，y=5

第一個等式就是一個簡單的加總。而代數等式則為 x 和 y 代表的數字提供了一種規則，x 和 y 可以用任何數字來充當。你可以看看下面這個例子：

x + y = z

如果將 x 和 y 賦予數值，你就能算出 z 是多少。例如如果 x=3 ，y=5：

3 + 5 = z
z = 8

平衡等式

最普遍的公式類型就是等式。這是一種數學表述，說明等號兩邊是相等的—因此可以將等式想像成平衡的藝術。舉個例子，我們可以用這個等式描述一艘宇宙飛船的總質量。

總質量 = 火箭質量 + 航天艙質量 + 燃料質量 + 設備質量 + 航天員質量

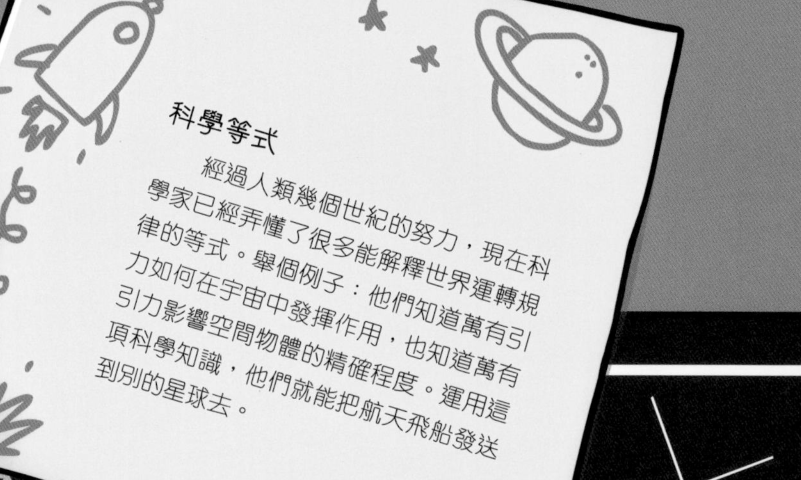

科學等式

經過人類幾個世紀的努力，現在科學家已經弄懂了很多能解釋世界運轉規律的等式。舉個例子：他們知道萬有引力如何在宇宙中發揮作用，也知道萬有引力影響空間物體的精確程度。運用這項科學知識，他們就能把航天飛船發送到別的星球去。

「代數」這個詞源於古阿拉伯數學家花拉子密的一本書的書名。

尋找模式

如果數字之間存在一種模式，你就能用它推算出其他信息。舉個例子，索格星球的科學家想要建造一艘 110 米長的火箭，所以要弄清楚需要多少金屬材料。下面表格中的數據是他們已經建造的火箭數據。

長度	金屬材料質量
30 米	140 千克
60 米	200 千克
80 米	240 千克
100 米	280 千克

根據上面這些數據所對應的模式可以推導出下面的等式：

金屬材料質量 = 長度 ×2+80

所以，他們的新火箭需要
110×2+80=300 千克金屬材料。

小遊戲

月球變輕計

試着自己解決這個問題。下面的表格裏展示了各類物品在地球和月球上的重量。

物體	地球上的重量	月球上的重量
蘋果	120 克	20 克
機器人	300 千克	50 千克
月球着陸器	18 噸	3 噸

你能找出地球上重量和月球上重量之間的關聯等式嗎？你在月球上的重量會是多少呢？

難題

我們在生活中經常會運用代數學解決問題，你可能沒有注意到這一點，不過當你在解答這幾頁的謎題時，你就已經在運用代數學了。當它隱藏在平常的生活中或者好玩的謎題中時，也就沒有那麼可怕了。

在代數學裏，"x"表示一個未知的數字。這也是為甚麼我們把一個人身上的未知品質叫作"x因素"。

烘焙蛋糕

吉姆要為朋友的生日做一個蛋糕，原料如下：

- 100 克牛油
- 200 克糖
- 4 個雞蛋
- 160 克麵粉

剛要開始做時，吉姆發現雞蛋數量不夠。但商店已經關門了，所以他決定就着 3 個雞蛋調整其他原料的數量。請問調整後他應該用多少牛油、糖和麵粉呢？

花瓣數字

下面每朵花中，外面花瓣上的數字都以同樣的方式相加、相乘後得出中間的數字。你能找出這個公式並算出第三朵花中間的數字嗎？

花	上	左	右	下	中間
第一朵	1	2	7	5	56
第二朵	3	7	2	8	96
第三朵	6	4	9	3	?

左右移動

公園裏有一棵蘋果樹和一棵山毛櫸樹，每棵樹上有些鳥。如果蘋果樹上的一隻鳥飛到山毛櫸樹上，兩棵樹上鳥的數量就一樣了。請問原來兩棵樹上鳥的數量差是多少呢？

力求平衡

在數學加總計算中，你肯定想要確定等號左邊跟右邊保持相等——就像天平的兩邊重量要保持相等。所以，下面的謎題中，第三個天平的右邊需要放多少個高爾夫球才能保持平衡呢？

水果挑戰

每個方格內的水果都有不同的價格，你能計算出每個水果的價格麼？算出之後，請將每行和每列的價格總和補齊。

小提示

算出菠蘿的價格之後，通過這一列你就能算出橘子的價格

從這裏開始先算出一個菠蘿的價格

你自己來試試

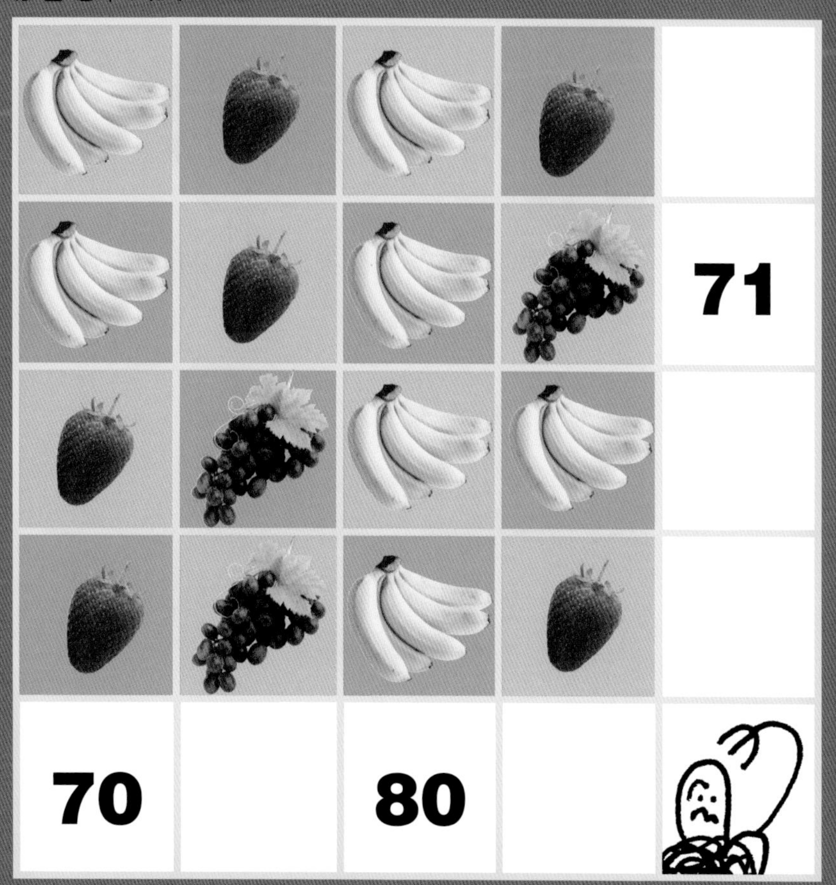

宇宙的秘密

對於科學家來說，數學是探索宇宙的有力工具。科學的目的就是要證明各種理論——為了達到這一目的，科學家運用數學並根據理論做出預測。如果事後證明這些預測是正確的，那麼理論就也可能是正確的。

植物繁殖項目

所有的花都是粉色，所以粉色肯定是主導顏色

1/4 的花是白色，所以粉色的花肯定攜帶了白色基因

3/4 的花是粉色

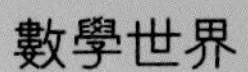

數學世界

16 世紀，著名科學家和發明家伽利略·伽利雷（1564-1642）發現，世界上很多事情——從掉落的物品，到橋樑的長度，再到音符——都能歸結為簡單的數學問題。伽利略之後，幾乎所有科學家都嘗試從事物中尋找數學規律，以此來準確說明事物的運作原理。

生命數學

格里戈爾·孟德爾（1822-1884），奧地利科學家和修道士，他發現簡單的數學知識能夠解釋生物的一些特徵。比如花朵的顏色、眼睛的顏色等，總是會根據一定的概率（詳見第 100-101 頁）從父母那兒遺傳到下一代。他的研究成果奠定了遺傳學的基礎。

伽利略建造了一批功能強大的望遠鏡，一方面用來學習天文學，另一方面則將其中大部分賣給本國海軍，幫他們定位敵軍的船隻。

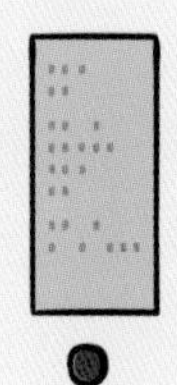

簡單的真相

直到 20 世紀早期，數學還只是用來給科學理論補充細節、驗證理論和運用理論。但從那之後，數學就經常成為科學家提出理論的依據。當好幾個理論擺在他們面前時，那個在算術上最簡單的往往是正確的。偉大的物理學家阿爾伯特・愛因斯坦（1879-1955）就是選擇了一個最簡單的等式以最準確的方式解釋了萬有引力。

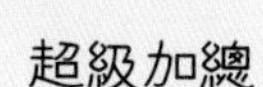

超級加總

比起計算，數學家更願意花時間去研究公式、提出思路，或者嘗試證明新的定理。有計算機幫我們進行加總，我們還需要為算術煩惱嗎？功能強大的超級計算機的計算速度是人類大腦的幾十億倍。它們在數字處理方面超凡的能力讓科學家比以往任何時候都能更全面徹底地檢驗自己的理論。

不存在的完美

1931 年，奧地利出生的數學家庫爾特・哥德爾（1906-1978）發表了一則革命性的定理。他證明了任何一個複雜的數學理論都不可能是完整的——它們總是會有缺口，而理論中總是會有命題無法證明。數學這門學科從此變得不一樣了。

斯坦・古德教授說過：「數學的本質不是把簡單的事情變複雜，而是把複雜的事情變簡單。」

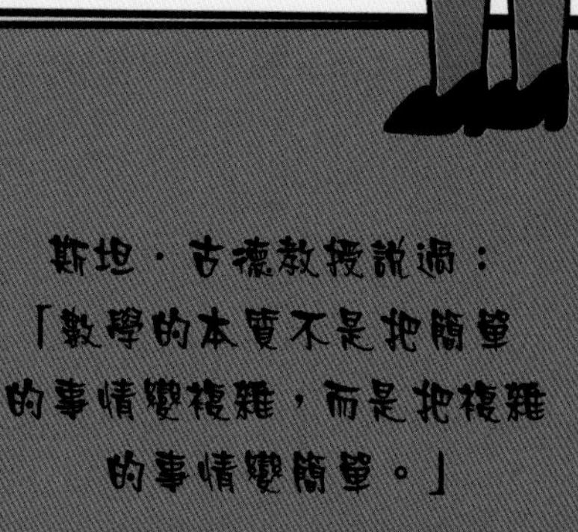

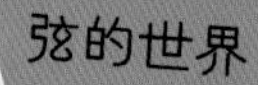

弦的世界

弦理論是解釋宇宙的理論之一。它的基本觀點是宇宙中組成原子的微粒本身是由更小的物體組成，這種物體會像樂器的弦一樣振動。因為涉及的物質太小完全看不見，所以這個理論只能以數學方式進行驗證。

總測驗

1 午夜是指……

A 12:00 am

B 12:00 pm

C 都不是

2 3.1 小時是多久？

A 3 小時又 10 分鐘

B 3 小時又 6 分鐘

C 3 小時又 1 分鐘

3 $\frac{1}{4}+\frac{1}{3}$ 等於多少？

A $\frac{2}{7}$

B $\frac{2}{12}$

C $\frac{7}{12}$

你應該掌握一些像九九乘法口訣這樣有用的心算

4 $\frac{1}{4}\times\frac{1}{4}$ 等於多少？

A $\frac{1}{2}$

B $\frac{1}{16}$

C $\frac{11}{16}$

5 下面三個選項中哪個是最小的？

A 8.35

B $8\frac{2}{3}$

C 8.53

6 下面哪個選項是正確的？

A 43,000 的 2.1%>4,300 的 0.21%

B 43,000 的 2.1%=4,300 的 0.21%

C 43,000 的 2.1%<4,300 的 0.21%

7 你需要用一塊麵包給自己做 4 份三明治，而且你不喜歡麵包皮，你需要切多少下？

A 7

B 8

C 9

8 如果在數字 100 加上 10% 會得到 110，而將 110 減去 10% 會得到多少呢？

A 90

B 99

C 100

對於比較長比較複雜的計算，尤其是在使用計算器的情況下，可以在算出正確答案之前估算一下答案。

嘗試用不同的方法學習各種常識、數字和公式：可以把單詞大聲地說出來，自己打節奏，甚至可以畫草圖來幫助思考。

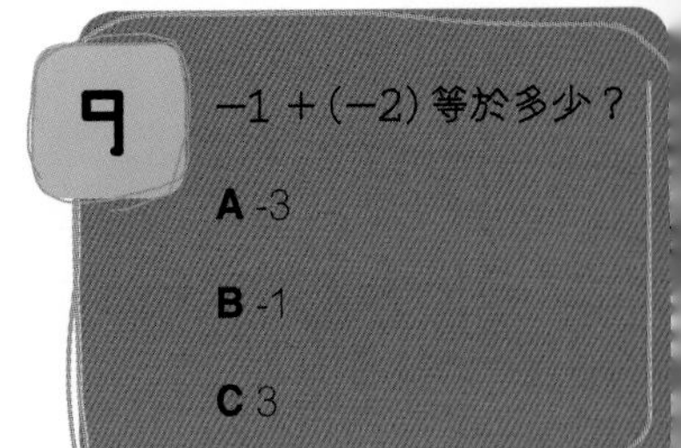

9 −1 + (−2) 等於多少？

A -3

B -1

C 3

10 0.1× 0.1 等於多少？

A 0.01

B 0.11

C 0.1

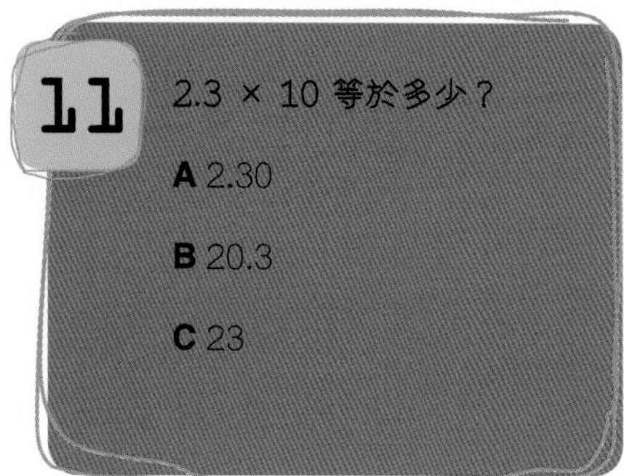

11 2.3 × 10 等於多少？

A 2.30

B 20.3

C 23

12 用同一根繩子圍成不同的三角形，哪個三角形面積最大？

A 直角三角形

B 等邊三角形

C 不等邊三角形

有沒有哪種數學題會吸引你去思考，剛開始會覺得很簡單，但後來卻變得疑惑而不得不重新思考？如果有，不用擔心，不只你會這樣。有些數學陷阱題很容易讓人栽跟頭，你只有了解了問題的真正目的才不會犯錯。這裏有一些最容易混淆的題目，為了好玩還加了一些小詭計。

13 下列哪個多面體其平面的數量最少？

A 立方體

B 方錐體

C 四面體

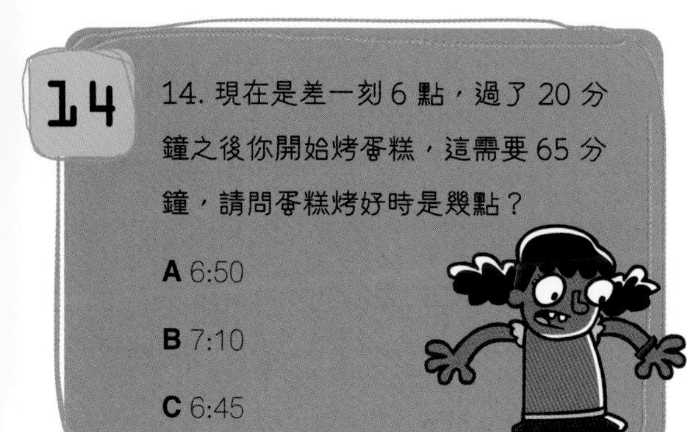

14 14. 現在是差一刻 6 點，過了 20 分鐘之後你開始烤蛋糕，這需要 65 分鐘，請問蛋糕烤好時是幾點？

A 6:50

B 7:10

C 6:45

當你算錯答案時，
弄清楚錯在哪裏。

17 用同一根繩子圍成下面的圖形，哪個面積最大？

A 圓

B 正方形

C 三角形

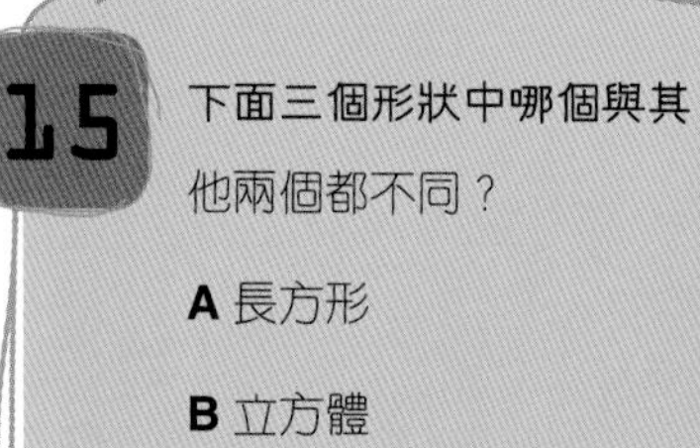

15 下面三個形狀中哪個與其他兩個都不同？

A 長方形

B 立方體

C 三角形

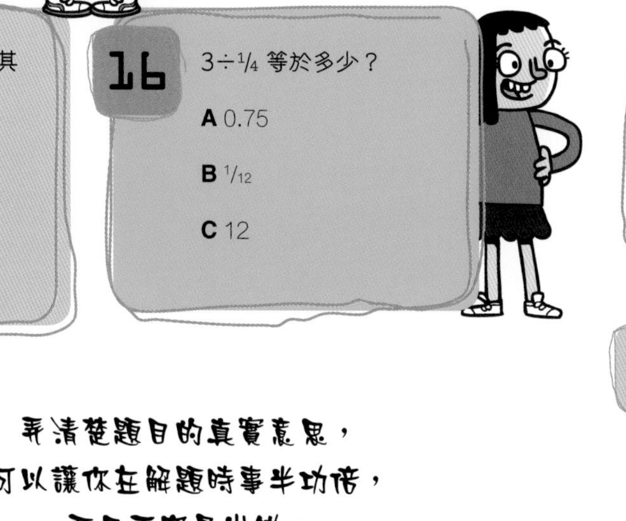

16 $3 \div \frac{1}{4}$ 等於多少？

A 0.75

B $\frac{1}{12}$

C 12

18 1÷0 等於多少？

A 1

B 0

C 無限

弄清楚題目的真實意思，
可以讓你在解題時事半功倍，
而且不容易出錯。

詞彙表

代數學
以字母或符號代替數字用來學習數學中的公式。

角度
一條邊與另一邊重合需要旋轉程度的測量。角度的測量通常以度為單位，例如：45度。

面積
一幅平面圖形內部空間的總和。面積的測量以長度的平方為單位，比如：平方釐米。

算術
涉及加、減、乘、除的計算。

軸
曲線圖上的直線。點到點之間的距離就是在軸上測量得到的。水平軸又稱為 x 軸，垂直軸又稱為 y 軸。

柱形圖
用柱子的高矮顯示數量大小的一類圖表。柱子越高，代表數量越大。

圖表
便於我們更好理解數學信息的圖畫，比如曲線圖、表格或者地圖。

密碼
將每個字母替換成另一個字母的代碼，或者破解代碼的密鑰。

圓周
繞圓圈一周的距離。

代碼
一套關於字母、數字和符號的系統，用於替換文本中的字母隱藏其中的內容。

連續數
一個接着一個排列的一系列數字。

立方
一種六面的立體形狀，或是一個數字乘以自己兩遍的算術指令，舉個例子：$3\times3\times3=27$，也可以寫成 3^3。

數據
類似測量值這樣的事實信息。

十進制
以 10 為基礎運用數字 0~9 的數字系統。滿十進一，滿二十進二，依此類推。

小數
小數點後面的數字，也指包含小數的數。

小數點
分隔一個數的整數部分和分數部分的點，比如 2.5。

度
角的測量單位，用符號“°”表示。

直徑
橫跨圓形的最遠距離。

加密
將信息轉換為代碼保證其中內容不被隨便看到。

等式
含有等號的式子叫作等式，是說明兩者相等的數學表述。

等邊三角形
每個角都是 60 度、每條邊長都相等的三角形。

估計
算出一個大致答案，或者大致答案本身。

偶數
能被 2 整除的數字。

面
三維圖形的表面。

因數
相乘可以得到第三個數字的那兩個數字。比如，2 和 4 是 8 的因數。

公式
一種數學規則，書面上通常用符號表示。

分數
一個數字除以另一個數字的結果。

頻率
某件事在一段固定的時間內多久發生一次。

幾何學
數學中研究物體形狀、大小和位置間相互關係的分支學科。

曲線圖
展示兩組數據之間關係的圖表，比如時間與運動物體的位置之間的關係。

六角形
有六條邊的平面圖形。

水平
與地平線平行。水平線由左向右與垂直線呈直角。它也用來描述平直的表面。

等腰三角形
至少有兩條邊長度相等、兩個角度數相等的三角形。

對稱軸
如果一個圖形有一條對稱軸，你可以將一面鏡子貼着這條軸，鏡子裏的映像就與原來半幅圖形一模一樣。

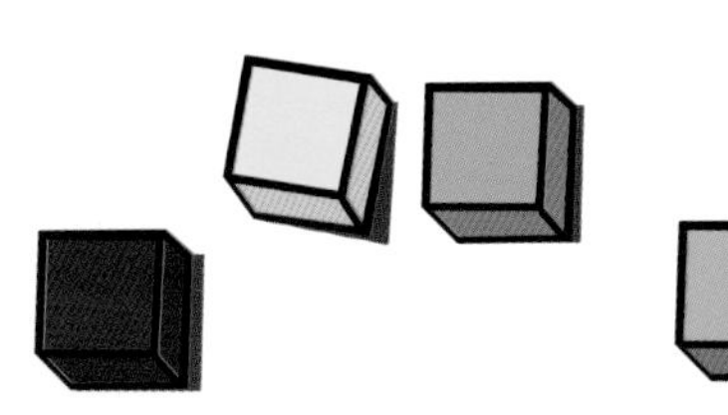

測量值

表示某樣東西的總量或大小的數字，用類似秒或米這樣的單位表示。

八角形

有八條邊的平面圖形。

奇數

被 2 除會得到 0.5 的數字。

平行

如果兩條直線一直相隔同樣的距離，那麼這兩條線就是平行的。

五邊形

有五條邊的平面圖形。

百分比

數字在 100 中所佔的比率，通常用符號 % 表示。

圓周率

任何圓圈的周長除以直徑就能得到它。用希臘符號 π 表示。

多邊形

有三條或者更多邊的平面圖形。

多面體

有多個多邊形平面的立體圖形。

正數

大於 0 的數。

質因數

相乘可以得到第三個數的質數。舉個例子：3 和 5 是 15 的質因數。

質數

比 1 大，只能被自己和 1 整除的數。

概率

某件事將要發生的可能性。

乘積

兩個或更多數字相乘之後的結果。

金字塔

以多邊形為底，上面為多個三角形匯聚於頂點的立體圖形。

四邊形

有四條邊四個角的平面圖形。梯形和矩形都是四邊形。

半徑

圓圈的中心到圓周的距離。

範圍

一組數據中最小的數字與最大的數字間的差別。

比率

將兩個數字之間的關係描述為一個比另一個大或小的倍數。

直角

90 度角。

不等邊三角形

三條邊長和三個角均不相同的三角形

數列

按照一定規則排列的一系列數字，比如：2，4，6，8，10。

正方形

有四條邊和四個直角的平面圖形。

平方數

一個數字乘以它本身得到的結果，舉個例子：4×4=16，也可以寫成 4^2。

總和

數字相加的結果或總數。

對稱

如果一個圖形或者物體其中有部分被旋轉、反射及轉換之後仍然和原來完全重合，我們就稱它有對稱性（或者描述為對稱的）。

表格

通常由幾行和幾列構成的一系列信息。

密鋪

把一些較小的表面填滿一個較大的表面而不留任何空隙。

四面體

即三棱錐，有四個面的幾何體。

定理

已經證明或者可以證明是正確的數學觀點或規則。

理論

對於某件事或某個事物詳細並經過驗證的解釋說明。

三維

用於描述具有長、寬、高物體的術語。

三角形

有三條邊的平面圖形。

二維

只有長容寬的平面物體。

速率

在一個特定方向上的速度。

維恩圖

一種用重疊的圓圈比較兩組或更多數據的圖表。

頂點

圖形中各面或各條線交會的點。

垂直

垂直線由上至下與水平線垂直。

整數

不是小數或分數的數。

答案

6–7 生活中的數學

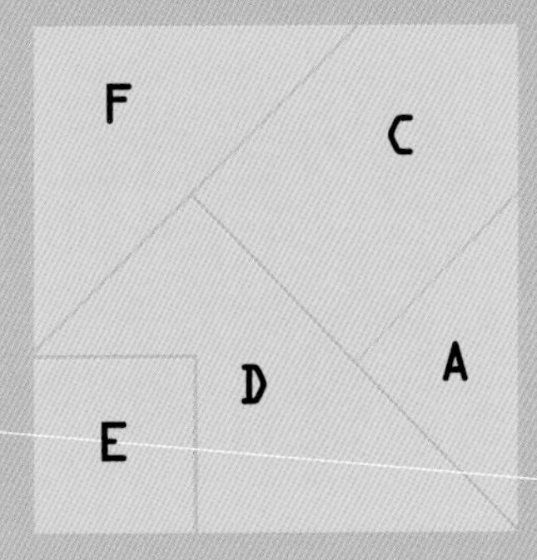

拼圖遊戲

多餘的那片圖形是 B。

利潤盈餘

碰碰車的使用數量：12 的 60% 為 7.2
時段數量：4×8=32
時段總費用：32×20 元 =640 元
640 元 ×7.2=4,608 元
減去成本：4,608 元 -1,200 元 =3,408 元
利潤：每天 3,408 元

概率遊戲

遊戲裏有 1/9 的概率砸到椰子：
90（顧客）×3 次（投擲）=270
270÷30 個（椰子）=9

12–13 數學技能

識別圖形

1 D
2 C
3 C
4 C

18–19 數字問題

一項有用的調查？

1. 因為這個調查是由摩天大樓協會所做，所以結果可能存在偏見。
2. 他們只調查了 30 個公園中的 3 個，也就是 1/10，樣本太小，不足以對所有的公園得出結論。
3. 我們並不清楚去第三個公園的人數是多少。
4. 另外兩個公園一整天的遊客人數不到 25 個，這樣的事實表明調查只花了一天，時間太短無法得出有用的結論。

傷勢加劇！

因為鋼製頭盔對於保命來說非常有效，更多士兵雖然頭部受傷但能倖存下來，不至於因此送命。所以頭部受傷的士兵數量增加，但死亡士兵的數量減少了。

22–23「看」出答案

你看到了甚麼？

1. 牙刷、蘋果、台燈；
2. 自行車、鋼筆、天鵝；
3. 吉他、魚、帆船；
4. 國際象棋棋子、剪刀、鞋。

二維思考

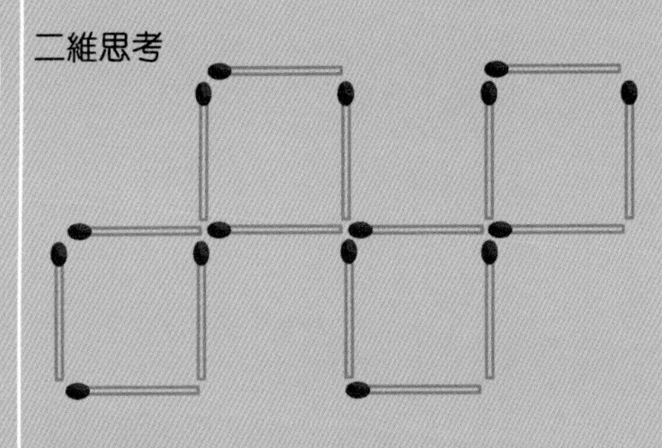

視覺順序

第 3 幅。

看着就能理解

蛇有 9 米長。

三維視圖

第二個立方體。

30–31 大大的 0

羅馬數字練習題

這個很簡單的問題告訴我們位值能讓數學計算容易很多。這道題最快的方法就是把羅馬字母轉化成阿拉伯數字得出答案：CCCIX(309)+DCCCV(805)=1,114(MCXIV)。

34–35 跳出思維定式

1. **名次變換**
第二名。

2. **爆炸！**
用一隻沒有充氣的氣球。

3. **概率是多少？**
1/2。

4. **姐妹**
她們是三胞胎其中的兩個。

5. **金錢**
兩個錢袋完全相同。

6. **多少？**
只需要 10 個小朋友。

7. **左邊還是右邊？**
將手套裏層翻出來。

8. **孤獨的人**
他住在燈塔裏。

9. **一路向上**
你的年齡。

10. **交替**
將第二個杯子中的橙汁倒進第五個杯子。

11. **損失？**
這個有錢人之前是億萬富翁，現在遭受損失變成百萬富翁。

12. **誰是兇手？**
木匠、貨車司機和維修技工都是女性。注意題目只說消防員，沒有顯示性別。

13. **冷！**
先點燃火柴。

14. **空難！**
哪裏也不是——因為不用埋葬生還者。

15. **掃落葉**
一堆。

16. **家**
房子建造在北極，所以這只熊肯定是白色的北極熊。

36–37 有規律的數字

越獄

解開這道謎題需要了解最後開着的那些門號數字遵循怎樣的模式——它們都是平方數字。所以答案是 4 個：1、4、9、16。

握手

3 人 =3 次握手
4 人 =6 次握手
5 人 =10 次握手
答案全都是三角形數。

完美解答？

下一個完全數是 28，所有完全數個位數都是 6 或 8。

4–45 多大？多遠？

量地球

7.2°÷360° = 0.02

800 千米 ÷0.02 = 40,000 千米

0–51 認識數列

們的規律是甚麼？

A 1, 100, 10,000, 1,000,000
B 3, 7, 11, 15, 19, 23
C 64, 32, 16, 8
D 1, 4, 9, 16, 25, 36, 49
E 11, 9, 12, 8, 13, 7, 14
F 1, 2, 4, 7, 11, 16, 22
G 1, 3, 6, 10, 15, 21
H 2, 6, 12, 20, 30, 42

52–53 帕斯卡三角形

挑戰盲文

在帕斯卡三角矩陣找到第 6 排，將這一排的數字加總得到 64，所以凸點有種不同的排列組合。

對於 4 點模式，可以找到三角矩陣的第 4 排，將這一排數字加總得到 16，所以凸點有 16 種排列組合。

54–55 神奇方格

創造神奇

2	7	6
9	5	1
4	3	8

7	4	9	14
5	11	2	16
10	6	15	3
12	13	8	1

24	18	32	3	11	23
2	25	4	27	22	31
34	9	1	10	36	21
6	26	30	28	5	16
33	14	29	8	20	7
12	19	15	35	17	13

你自己的神奇方格

11	24	7	20	3
17	5	13	21	9
23	6	19	2	15
4	12	25	8	16
10	18	1	14	22

6–67 謎一樣的質數

篩選出質數

~~1~~	(2)	(3)	~~4~~	(5)	~~6~~	(7)	~~8~~	~~9~~	~~10~~
(11)	~~12~~	(13)	~~14~~	~~15~~	~~16~~	(17)	~~18~~	(19)	~~20~~
~~21~~	~~22~~	(23)	~~24~~	~~25~~	~~26~~	~~27~~	~~28~~	(29)	~~30~~
(31)	~~32~~	~~33~~	~~34~~	~~35~~	~~36~~	(37)	~~38~~	~~39~~	~~40~~
(41)	~~42~~	(43)	~~44~~	~~45~~	~~46~~	(47)	~~48~~	~~49~~	~~50~~
~~51~~	~~52~~	(53)	~~54~~	~~55~~	~~56~~	~~57~~	~~58~~	(59)	~~60~~
(61)	~~62~~	~~63~~	~~64~~	~~65~~	~~66~~	(67)	~~68~~	~~69~~	~~70~~
(71)	~~72~~	(73)	~~74~~	~~75~~	~~76~~	~~77~~	~~78~~	(79)	~~80~~
~~81~~	~~82~~	(83)	~~84~~	~~85~~	~~86~~	~~87~~	~~88~~	(89)	~~90~~
~~91~~	~~92~~	~~93~~	~~94~~	~~95~~	~~96~~	(97)	~~98~~	~~99~~	~~100~~

質數立方

2	8	3
4	6	9
7	5	1

2	8	3
6	4	9
5	7	1

2	8	9
6	4	3
5	7	1

2	8	9
4	6	3
7	5	1

2	8	3
6	4	9
5	1	7

2	8	3
4	6	9
1	5	7

2	8	9
6	4	3
5	1	7

2	8	9
4	6	3
1	5	7

2	8	1
6	4	7
9	5	3

2	8	1
4	6	7
5	9	3

2	8	7
6	4	1
9	5	3

2	8	7
4	6	1
5	9	3

2	8	7
4	6	1
5	3	9

2	8	1
6	4	7
3	5	9

2	8	1
4	6	7
5	3	9

2	8	7
6	4	1
3	5	9

56–57 缺失的數字

數獨

初級

1	7	6	4	8	9	3	2	5
5	8	9	7	2	3	1	4	6
4	2	3	6	5	1	8	9	7
3	9	2	8	4	7	5	6	1
8	1	4	5	3	6	2	7	9
6	5	7	9	1	2	4	8	3
9	4	5	3	6	8	7	1	2
7	3	1	2	9	4	6	5	8
2	6	8	1	7	5	9	3	4

中級

7	8	5	6	9	3	1	2	4
9	6	4	5	2	1	3	8	7
2	1	3	8	4	7	6	5	9
3	5	6	7	8	9	2	4	1
8	4	9	2	1	6	5	7	3
1	2	7	3	5	4	8	9	6
5	7	1	9	6	8	4	3	2
4	9	8	1	3	2	7	6	5
6	3	2	4	7	5	9	1	8

數圓

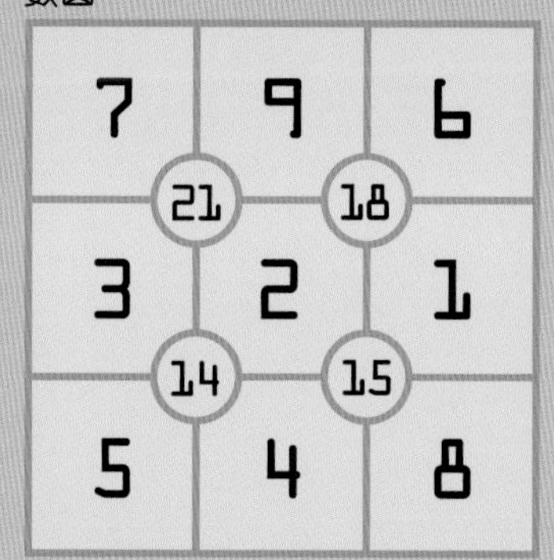

數謎

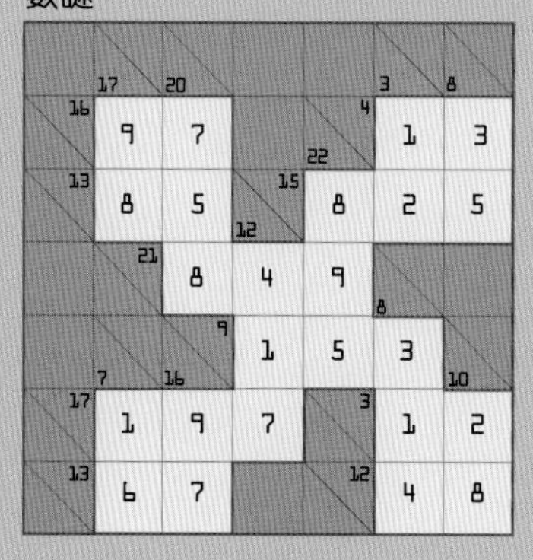

70–71 三角形

測量面積

三角形的面積分別為：

3×7 = 21　21 ÷ 2 = 10.5

3×5 = 15　15 ÷ 2 = 7.5

4×4 = 16　16 ÷ 2 = 8

4×8 = 32　32 ÷ 2 = 16

將它們加總：

10.5+7.5+8+16=42 平方單位

80–81 三維圖形謎題

構建立方體

A + D

H + I

E + G

B + C

F 是那塊多餘的碎片

組合拼貼

網格圖形 D 沒法摺疊成一個立方體

圖形識別

這道題有很多種排列方式，這裏只給出了一種：

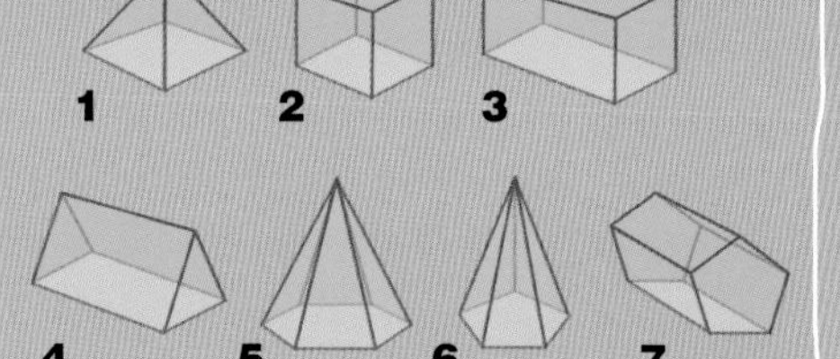

你還能找出多少種？試驗用不同的圖形作為第一個圖形，並試着讓這一排圖形最後形成一個圓圈。

追尋蹤跡

只有八面體能做到，立方體和四面體都無法做到。因為如果圖形中超過兩個角與其他角之間存在奇數條連接線，就不可能一次畫出該圖形而不重複任何一條邊。

搭積木

A 10 立方厘米

B 19 立方厘米

74–75 圖形轉換

三角形計數

總共有 27 個三角形。

趣味七巧板

箭頭

狐狸

蠟燭

圖形中的圖形

正方形的思考

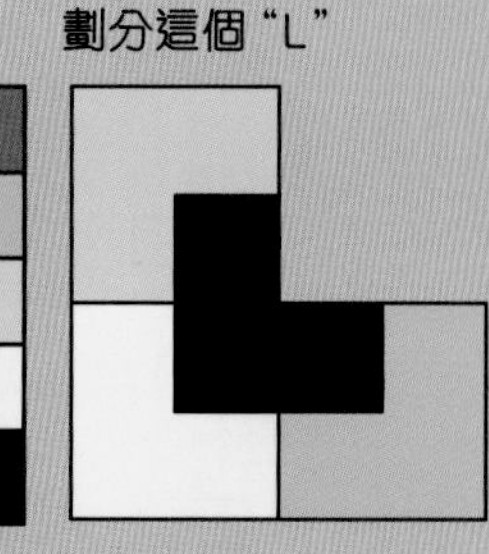

劃分這個"L"

火柴謎題

謎題 1

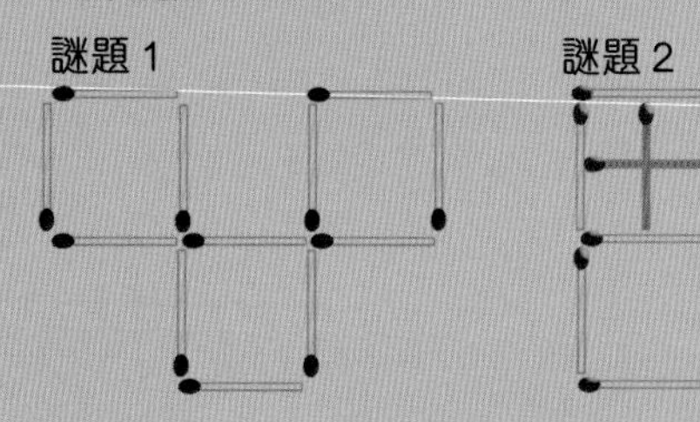

謎題 2

正方形大挑戰

熱身訓練

你可以用 4 個正方形畫出這個方格。

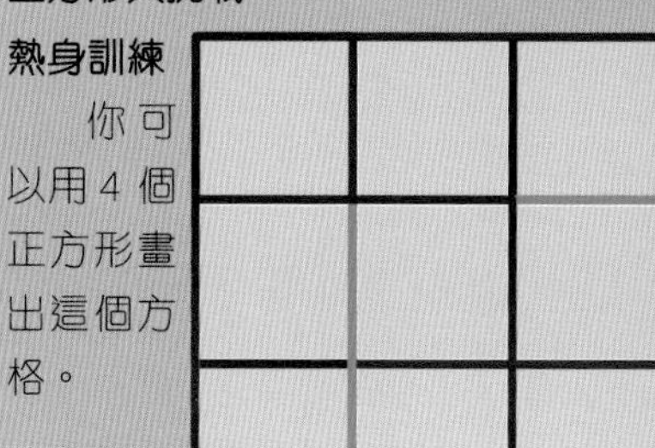

挑戰升級

你可以用 6 個正方形畫出這個方格。

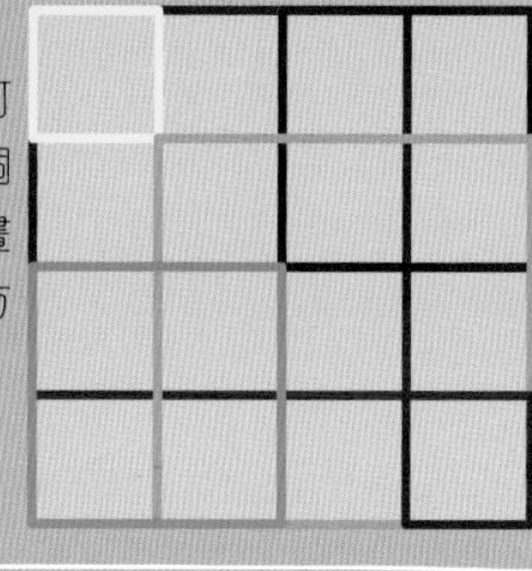

86–87 神奇的迷宮

簡單的迷宮

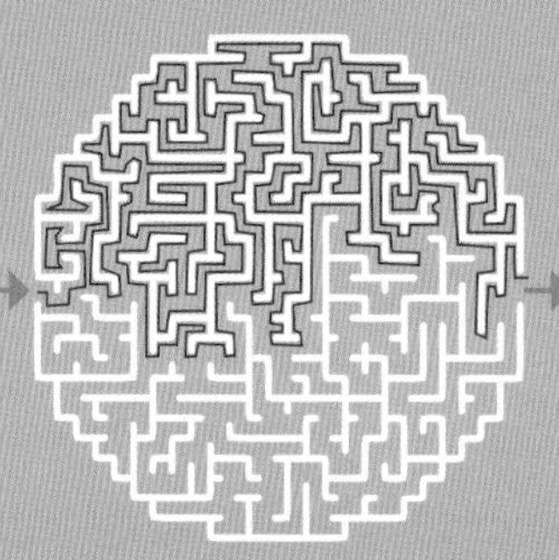

複雜的迷宮

編織類迷宮

96–97 地圖

看地圖

教堂：44,01

野營地：42,03

100–101 概率

概率是甚麼？

可能性排序：

1. 踢足球

2. 被蛇咬

3. 掉入下水管道

4. 玩電腦遊戲精疲力竭

5. 被河馬攻擊

6. 被閃電劈中

7. 被掉下來的椰子砸中

8. 被鯊魚攻擊

9. 撞向燈柱

10. 被隕石砸中

04–105 邏輯謎題和悖論

輯方格

黑色或白色？

克萊爾的帽子顏色是黑色。只有在貝絲和克萊爾的帽子全都是白色時，艾米才會知道她自己的帽子顏色（因為不是所有的帽子都是白色）。但艾米並不知道自己的帽子顏色。所以貝絲和克萊爾的帽子是一黑一白，或兩頂都是黑色的。貝絲意識到這一點後她去看克萊爾是否是白色，如果是白色，說明自己的帽子顏色就是黑色。但她並沒有看到白色，所以她也沒法知道自己帽子的顏色。所以克萊爾的帽子顏色肯定是黑色的，因為她聽到其他兩個姐妹的回答了。

理髮師的困境

這個故事本身就是個悖論。

狡猾的加總

答案是 1,349。

帶寵物的朋友們

安娜：小不點兒（鸚鵡）
鮑勃：小紐扣兒（狗）
塞西莉亞：小可愛（金魚）
戴夫：小金金（貓）

海中迷失

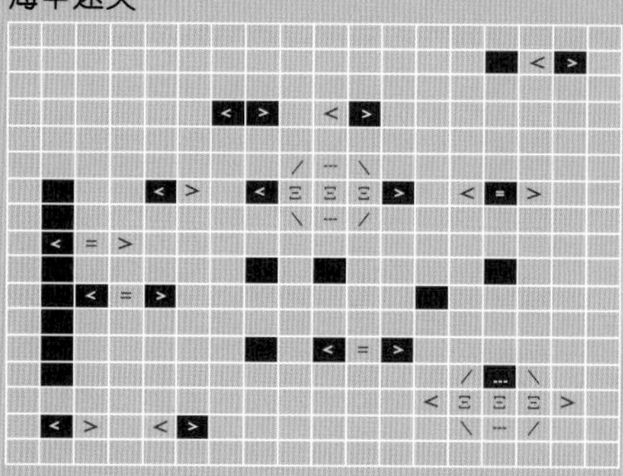

08–109 代碼和密碼

撒密碼

這則信息的內容是："Well done this a hard code"。（幹得好！這是一種常難的密碼。）

換密碼

這則信息內容是："Codes can be n"。（密碼很好玩哦！）

利比奧斯密碼

這則密碼的內容是："This is a very ldcode"。（這是一種非常古老的密碼。）

形密碼

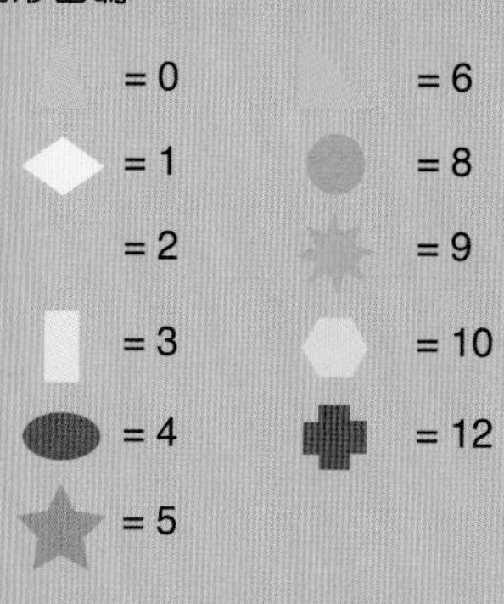

112–113 代數學

月球變輕計

物體在月球的重量是在地球上重量的 1/6。所以想要知道你在月球上的重量，只需要將你現在的重量除以 6。

114–115 難題

花瓣數字

答案是 117。計算公式是將較小的三個數字相加，然後乘以最大的數字便得到結果。(3+4+6) ×9=117。

烘焙蛋糕

就着 3 個雞蛋做蛋糕，吉姆需要 75 克牛油、150 克糖和 120 克麵粉。

左右移動

數量差是 2。舉個例子，如果蘋果數上有 7 隻鳥，1 隻鳥飛到另一棵樹上之後兩棵樹上鳥的數量持平，說明山毛櫸樹上有 5 隻鳥。

力求平衡

需要放 12 個高爾夫球。

水果挑戰

菠蘿 =12　　香蕉 =20
橘子 =18　　草莓 =15
蘋果 =6　　葡萄 =16

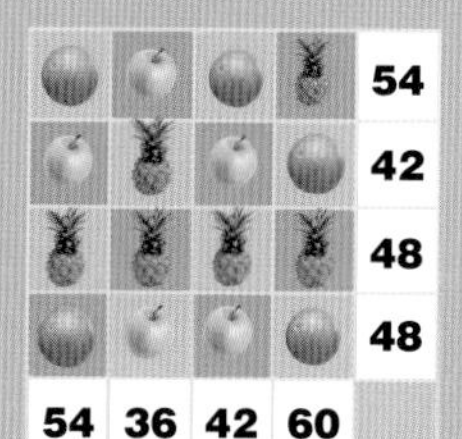

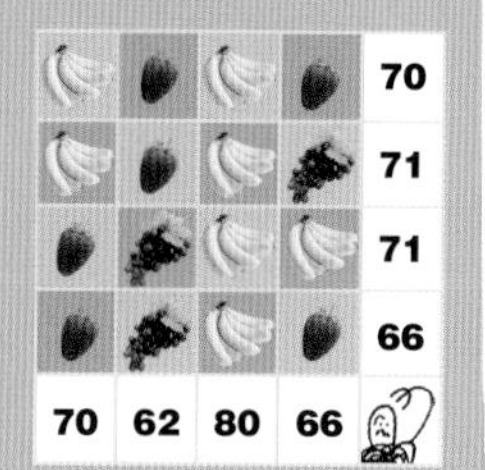

118–119 總測驗

1. A 午夜是指 12:00am。
2. B 3 小時又 6 分鐘。
3. C $^{7}/_{12}$。
4. B $^{1}/_{16}$。
5. A 8.35。
6. A 43,000 的 2.1% > 4,300 的 0.21%。
7. C 你需要切 9 下。
8. B 99。
9. A 兩個負數相加，所以 (-1) + (-2) = -3。
10. A 0.01。
11. C 23。
12. B 三角形的面積計算公式是底邊長 × 高 × $^{1}/_{2}$，等邊三角形的底邊長和高都是最長的，所以面積也是最大的。
13. C 四面體只有四個面。
14. B 7:10。
15. B 立方體是立體圖形，其他是平面圖形。
16. C 問題不是問 3 的 $^{1}/_{4}$ 是多少，而是問 3 有多少個 $^{1}/_{4}$。
17. A 一個圓圈的圓周距離中心點的距離最大。
18. C 這是一個陷阱問題，數字根本沒法除以 0，你可以試試在計算器上做這道算術題，它會顯示「錯誤」。

索引

十六畫

十七畫

十九畫

二十畫及以上

鳴謝

DK would like to thank:

Additional editors: Carron Brown, Mati Gollon, David Jones, Fran Jones, Ashwin Khurana

Additional designers: Sheila Collins, Smiljka Surla

Additional illustration: Keiran Sandal

Index: Jackie Brind

Proofreading: Jenny Sich

Americanization: John Searcy

The publisher would like to thank the following for their kind permission to reproduce their photographs:

(Key: a-above; b-below/bottom; c-centre; f-far; l-left; r-right; t-top)

10-11 Science Photo Library: Pasieka (c)
11 Science Photo Library: Pascal Goetgheluck (br)
15 Mary Evans Picture Library: (bl)
16 Getty Images: AFP (clb). **Science Photo Library:** Professor Peter Goddard (crb). **TopFoto.co.uk:** The Granger Collection (tl)
17 Corbis: Imaginechina (tr). **Image originally created by IBM Corporation:** (cl)
18 Corbis: Hulton-Deutsch Collection (bc). **Getty Images:** Kerstin Geler (bl)
20 Alamy Images: RIA Novosti (cl). **Science Photo Library:** (cr)
21 Corbis: Bettmann (br, tl). **Dreamstime.com:** Talisalex (tc). **Getty Images:** SSPL (ftr/Babages Engine Mill). **Science Photo Library:** Royal Institution of Great Britain (tr)
32 Corbis: Araldo de Luca (tr). **Science Photo Library:** Sheila Terry (cl)
33 akg-images: (cl). **Corbis:** HO / Reuters (cr). **Science Photo Library:** (c)
38 Getty Images: AFP (bl)
40 Alamy Images: Nikreates (cb). **Corbis:** Bettmann (cl); Heritage Images (cr)
41 Getty Images: Time & Life Pictures (cr, c)
43 NASA: JPL (br). **Science Photo Library:** Power and Syred (cr)
52 Corbis: The Gallery Collection (bl)
58 akg-images: (cr). **Science Photo Library:** (tl); Mark Garlick (bc)
59 akg-images: Interfoto (br). **Getty Images:** (bc); SSPL (cr). **Mary Evans Picture Library:** Interfoto Agentur (c)
61 Corbis: ESA / Hubble Collaboration / Handout (br); (bl). **© 2012 The M.C. Escher Company - Holland. All rights reserved. www.mcescher.com:** M. C. Escher's Smaller and Smaller (tr)
71 Alamy Images: Mary Evans Picture Library (bl)
73 Corbis: Jonn / Jonnér Images (c). **Getty Images:** John W. Banagan (cra); Christopher Robbins (tr). **Science Photo Library:** John Clegg (cr)
77 Getty Images: Carlos Casariego (bl)
79 Science Photo Library: Hermann Eisenbiess (br)
84 Alamy Images: liszt collection (cl). **TopFoto.co.uk:** The Granger Collection (bl)
85 Corbis: Bettmann (c); Gavin Hellier / Robert Harding World Imagery (cr). **Getty Images:** (clb)
88 Getty Images: Juergen Richter (tr). **Science Photo Library:** (bl)
89 Edward H. Adelson: (br). **Alamy Images:** Ian Paterson (tr)
98 Dorling Kindersley: Science Museum, London (c). **Getty Images:** (cla); SSPL (bl). **Science Photo Library:** (cr)
99 Corbis: Image Source (cr). **Getty Images:** Time Life Pictures (c)
110 Getty Images: Joe Cornish (clb); SSPL (br). **King's College, Cambridge:** By permission of the Turing family, and the Provost and Fellows (tr)
111 Alamy Images: Pictorial Press (c); Peter Vallance (br). **Getty Images:** SSPL (tr)
116 Dreamstime.com: Aleksandr Stennikov (cr/Pink Gerbera); Tr3gi (fcr/White Gerbera)
117 Science Photo Library: Mehau Kulyk (bc)